景观与规划快速设计手绘表现方法

Fast Hand-painted Performance Techniques of Landscape and Planning Design

蔡泉源　编著

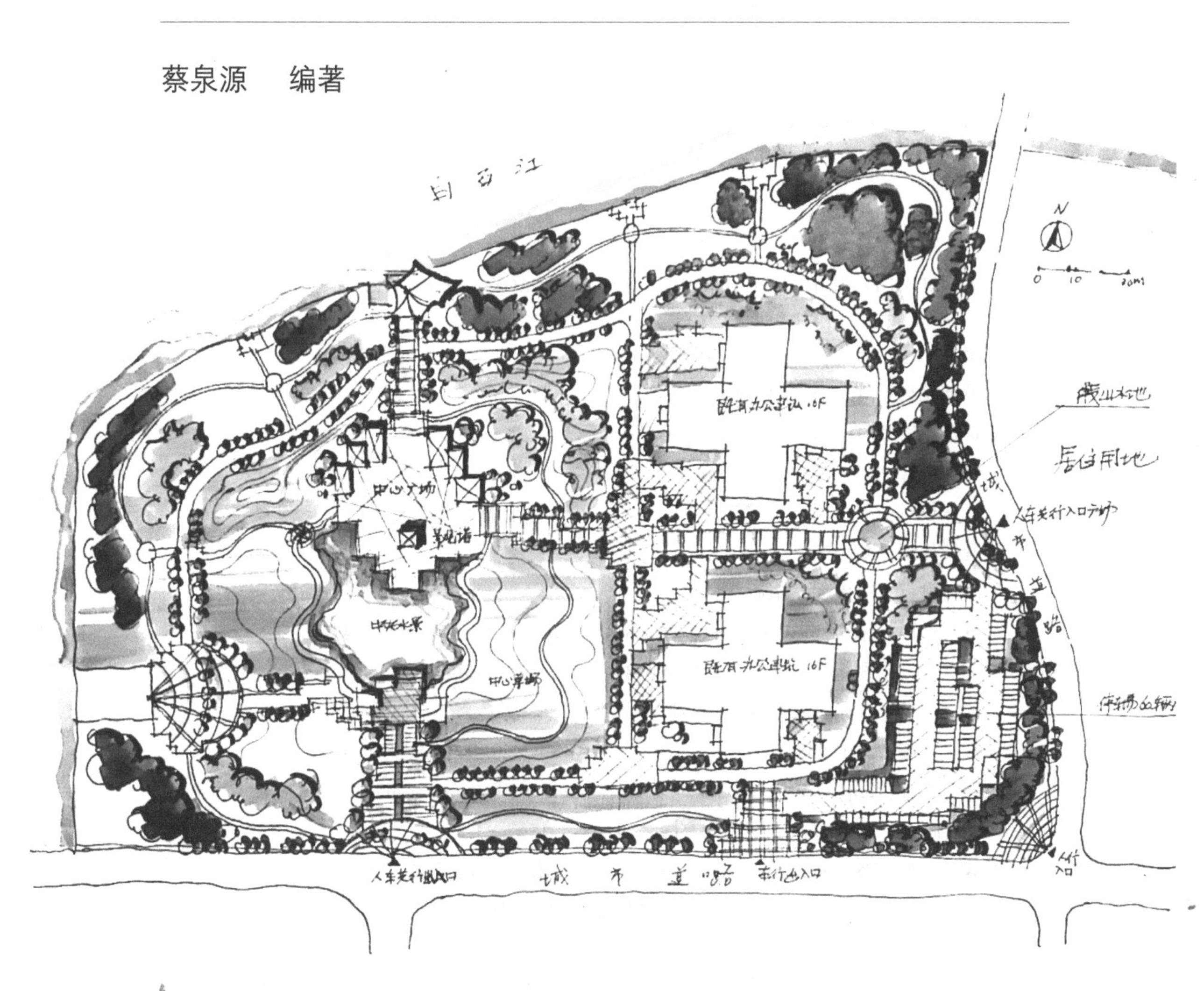

·广州·

图书在版编目（CIP）数据
景观与规划快速设计手绘表现方法 / 蔡泉源编著.
广州：中山大学出版社，2024. 11. -- ISBN 978-7-306-08217-6
Ⅰ. TU986.2
中国国家版本馆CIP数据核字第2024BS7747号

JINGGUAN YU GUIHUA KUAISU SHEJI SHOUHUI BIAOXIAN FANGFA

出 版 人：王天琪
策划编辑：陈文杰　谢贞静
责任编辑：陈文杰
封面设计：曾　婷
责任校对：刘　丽
责任技编：靳晓虹
出版发行：中山大学出版社
电　　话：编辑部　020-84110776，84111996，84111997，84113349
　　　　　发行部　020-84111998，84111981，84111160
地　　址：广州市新港西路135号
邮　　编：510275　　　　　传　真：020-84036565
网　　址：http://www.zsup.com.cn　　E-mail：zdcbs@mail.sysu.edu.cn
印 刷 者：广州方迪数字印刷有限公司
规　　格：787mm × 1092mm　1/16　9.75印张　202千字
版次印次：2024年11月第1版　2024年11月第1次印刷
定　　价：65.00元

内容提要

本书通过对景观与规划设计手绘表现的基础知识、总平面图的设计手绘表达步骤、效果图的透视解析、效果图的绘图步骤展示以及设计案例分析与点评等相关知识的讲解与分析，能帮助广大设计者提高自己的设计手绘水平，为景观与规划设计工作提供有力的支持。全书分为五章：第一章介绍手绘表现的基础知识，帮助读者了解设计手绘工具、素描与手绘线条之间的关系，让读者对手绘线条有更深入的理解。第二章分析总平面图的设计要素，讲解手绘总平面图的绘图要点与步骤，让读者轻松掌握总平面图的手绘表现方法。第三章介绍透视的基本知识，并通过对鸟瞰效果图透视的分析，让读者掌握效果图透视的技巧。第四章详细介绍效果图中植物的手绘表达知识以及人视效果图和鸟瞰效果图的表现方法，帮助读者较好地掌握手绘效果图的过程要点。第五章通过设计案例分析与点评，让读者深入了解景观与规划设计手绘的实际应用情况。本书既可以作为环境设计、景观设计、城市规划设计、建筑设计等专业基础设计课程的教材用书，也可以作为广大设计爱好者及相关专业设计人员的参考用书。

前　言

手绘是设计师表达设计思想、沟通设计方案的重要手段。在环境设计、景观设计、规划设计等领域，手绘更是设计师必备的基本技能。随着科技的发展，虽然计算机辅助设计和各种设计软件在设计领域得到了广泛的应用，但手绘依然具有不可替代的地位。这是因为手绘不仅能快速表达设计师的设计思路，还能体现设计师的个人风格和艺术修养。然而，在当今快节奏的社会背景下，许多设计师和学习者在设计手绘方面遇到了很多问题，如手绘表达步骤不清楚、透视不准确、缺乏艺术表现力等。为此，《景观与规划快速设计手绘表现方法》这本书，旨在帮助读者解决在学习设计手绘和方案设计时遇到的手绘表达问题。

本书是根据编者近 20 年来在景观与规划设计的实战经验和教学实践基础上撰写而成的，内容涵盖了景观与规划设计手绘的基本知识、透视解析、效果图表达解析、总平面图表达解析以及设计案例分析与点评等。本书共分为五章，每章的内容简要介绍如下。

第一章介绍景观与规划设计手绘的基本知识。首先，介绍了设计手绘的概念，使读者对设计手绘有一个全面的了解。接着，分析了设计手绘的工具，包括铅笔、橡皮、彩笔等，以及如何选择适合自己的手绘工具。最后，通过造型训练，让读者熟悉和掌握各种造型方法，为后续的手绘设计打下坚实的基础。此外，还探讨了素描与手绘线条的关系，以及手绘线条的表现方法和技巧。

第二章介绍景观与规划设计的总平面图表达解析。本章不仅分析了总平面图的设计要素，如建筑、景观、绿化等，还阐述了总平面图的手绘要点和生成步骤，使读者能够系统地掌握总平面图的手绘方法。

第三章介绍透视知识。首先，解析了透视原理，帮助读者了解透视的基本概念和规律。然后，分析了画面中的透视知识，让读者掌握如何运用透视原理来处理画面空间关系，使设计作品更具表现力。

第四章介绍景观与规划设计的手绘效果图表达。本章重点介绍了人视效果图和鸟瞰效果图的设计表现方法，并通过分析实际案例，让读者了解和掌握效果图的绘制步骤、绘制技巧以及注意事项，提高手绘效果图的表现能力。

第五章介绍设计案例实践。本章选取了具有代表性的设计案例，并对相应案例进行了详细的分析与点评，旨在让读者在实际操作中掌握设计手绘的方法和技巧，提高自己的设计表现能力。

通过阅读本书，读者可以全面地了解景观与规划设计手绘表现的方法和技巧，并在实践中不断提高自己的手绘能力。本书不仅适用于高校环境设计、景观设计、城市规划设计等专业方向的设计手绘课程教学，也可以作为高校相关专业学生参加研究生入学快题考试的自学教材，还可以为从事相关设计工作的专业人士提供方案创作参考。

让我们共同走进设计手绘的世界，开启设计之旅帮助读者创作出更好的方案设计作品，是本书编写的初衷。

由于编者能力有限，书中难免有偏颇与不足之处，诚望各位专家、同行与读者朋友给予批评指正。

蔡泉源

2024 年 5 月

目录

第一章　手绘表现的基础知识

第一节　认识设计手绘

一、设计手绘的作用与功能

设计手绘作为景观与规划设计中的一项重要技能，不仅能够帮助设计师快速表达设计构思，同时也是展示设计成果的有效手段。在当今这个沟通便捷与信息爆炸的时代，设计手绘的重要性愈发凸显，掌握设计手绘方法成为设计师必备的职业素养。尤其是在硕士、博士的升学考试以及专业职称考试中，设计手绘更是作为一种效果表达方式被广泛应用。

第一，设计手绘是设计师自己设计思路的图示推敲。在设计过程中，设计师需要不断地尝试、修改和完善自己的设计方案。通过手绘，设计师可以直观地看到自己的设计思路在不同阶段的演变，从而更好地把握设计的整体方向。同时，手绘过程中的修改和调整也能够提高设计师的应变能力和创新意识。

第二，设计手绘是设计师之间的设计图示语言交流。在设计团队中，设计师之间需要进行频繁的沟通与协作。通过手绘，设计师可以轻松地表达自己的设计理念和想法，同时也能够更好地领会他人的设计意图。这种直观、高效的交流方式，有助于团队成员之间的默契配合，提高设计方案的质量。

第三，设计手绘是设计师与甲方或者非专业人士交流的图示语言。在实际项目设计中，设计师需要与甲方代表、政府部门、施工单位等不同领域的相关人员进行交流与沟通。通过手绘，设计师可以将复杂的设计方案简洁、清晰地展示给对方，使对方更好地理解设计意图和效果。这有助于减少误解和沟通障碍，以确保项目设计的顺利进行。

此外，设计手绘还是体现设计美学与设计科学的纽带。设计美学强调的是设计的审美价值和创新性，而设计科学则关注设计的合理性和实用性。在手绘过程中，设计师只有同时兼顾这两方面的要求，才能使设计方案既具有审美价值又符合科学原理。这种平衡和融合，正是设计手绘的独特魅力所在。在设计手绘中，线条、色彩、构图等因素的运用至关重要。设计师需要熟练掌握这些基本元素，并灵活运用它们来表达自己的设计思想。同时，设计师还应关注手绘过程中的细节处理，如质感、光影、透视等，以提高设计方案的真实感和吸引力。

随着科技的发展，虽然计算机辅助设计等软件已经广泛应用于景观与规划设计领域，但设计手绘仍然具有不可替代的地位。首先，手绘具有较高的灵活性和创造力，能够满足设计师在设计过程中不断变化的需求；其次，手绘有助于培养设计师的观察力、想象力和表达能力，使设计师能够更好地应对复杂的设计场景；最后，设计手绘具有较高的艺术价值，能够为设计师的个人设计风格和设计特点提供展示机会，比如快速建筑意向设计草图，如图 1-1 所示。

图 1-1　快速建筑意向设计草图

总之，设计手绘在景观与规划设计中具有重要意义。它不仅是设计师表达设计思路和成果的有效手段，还是设计师之间、设计师与甲方及非专业人士进行沟通的桥梁。作为设计师，我们应该重视手绘技能的培养和提高，使其成为我们职业发展的有力支撑。

二、学好设计手绘的要求

1．学会观察优秀设计案例

景观与规划快速设计手绘是一项实践性很强的技能，要想学好设计手绘，首先需要学会观察优秀的设计案例。观察是学习的第一步，通过观察优秀的设计案例，我们可以了解设计的基本规律、风格特点和表现手法。在观察过程中，要注意细节，分析案例的成功之处，以及设计师是如何运用手绘技巧来传达设计理念的。此外，还要关注案例的地域特点、文化背景和环境因素，因为这些都会对设计手绘的艺术效果产生影响。

2．学会收集、分析优秀手绘设计作品

收集、分析优秀手绘设计作品是提高手绘技能的重要途径。通过收集不同风格、类型的手绘作品，我们可以了解设计师们的创作思路和表现手法。在分析作品时，要关注作品的主题、构图、色彩、线条等方面的运用，以及设计师是如何运用透视原理和空间关系来表现景观的。此外，还要学习作品中的创意元素，以及如何将传统文化和现代设计相结合。

3．善于临摹和模仿优秀手绘设计作品

临摹和模仿是学习手绘设计的重要方法。通过临摹和模仿，我们可以锻炼自己的手绘技巧，提高表现力和审美能力。在临摹和模仿的过程中，要注意观察原作的细节，分析其构图、色彩、线条等方面的运用，并在实践中逐步提高自己的手绘水平。同时，还要学会在模仿中创新，将原作的特点与自己的设计理念相结合，形成独特的风格。

4．学会创造性思考设计过程

创造性思考是景观与规划手绘设计的灵魂，可以帮助我们发现独特的视角，找到与众不同的表现方式，使设计作品具有更高的观赏性和艺术价值。在设计过程中，要善于运用创新思维，突破传统的表现手法，探索新的设计理念。要学会在设计过程中不断提问、思考，并勇于尝试新的设计手法。

5．设计手绘时保持心情愉悦

设计手绘是一个需要时间和耐心的过程，要学会放松自己、享受创作的乐趣。在

设计手绘的过程中，要保持心情愉悦，避免过于紧张和焦虑。紧张的心态会影响手绘表现，使作品显得生硬、缺乏灵动性。因此，要学会调整心态，把设计手绘的过程当作一种放松和享受的方式。

6．坚持不断练习

坚持练习是提高手绘技能的关键。只有通过不断的练习实践，才能锻炼自己的设计思维和手绘技法。在练习过程中，要进行有针对性的训练，逐步提高自己的表现力、创意能力和审美水平。同时，还要注意总结和反思，从自己的作品中找出不足，并进行不断的调整和改进。

7．学会接受别人正确的批评和指导

接受正确的批评和指导是手绘设计学习过程中不可或缺的一部分。当自己的作品受到批评时，要学会冷静分析，找出问题所在，并加以改进。同时，要虚心向他人请教，学习他人的经验和技巧。在批评和指导中不断地成长，才能提高自己的手绘设计水平。

8．善于从自己的每张作品中找出不足

自我反思是手绘设计学习中非常重要的一环。在每一次完成设计手绘后，都要认真审视自己的作品，从中找出不足之处。通过不断地自我批评和反思，可以提高自己的审美能力，发现自己的弱点，并有针对性地进行改进。只有不断地挑战自己，才能在手绘设计领域取得更高的成就。

9．学会分享和欣赏

分享和欣赏是手绘设计学习中的一种美德。当自己取得一定的成绩时，要学会与他人分享，把自己的经验和心得体会传授给他人。同时，要学会欣赏他人的作品，从中汲取灵感，丰富自己的设计理念。在分享和欣赏的过程中，提高自己的沟通能力和人际交往能力，为今后的设计生涯打下坚实的基础。

10．永远要保持自信

在手绘设计学习过程中，保持自信至关重要。自信是成功的基石，保持自信，才能在面对困难和挑战时保持积极的心态，不断地提高自己的手绘技能。要相信自己的能力，相信自己可以通过努力学习和实践达到预期的目标。同时，还要学会自我激励，为自己的进步和成功喝彩。

总之，要学好景观与规划快速设计手绘，需要我们从多个方面下功夫。通过观察、收集、分析优秀设计案例，可以提高我们的审美能力和设计水平；通过临摹、模仿和创新，可以锻炼我们的手绘技巧，丰富设计手法；学会分享和欣赏，可以拓宽我们的视野，提高人际交往能力；保持自信、保持心态平和、不断练习，接受别人的批评和指导，可以帮助我们不断地提高设计思维水平和手绘技法。只有全面地提高自己的综合素质，才能在设计手绘创作过程中取得更高的成就。

第二节　设计手绘的工具分析

手绘表现是景观与规划设计过程中的一项重要技能，通过手绘可以直观地表达设计思路和理念。在设计手绘过程中，选择合适的工具至关重要。下面将介绍景观与规划快速设计手绘中常用的工具，包括铅笔、双头笔、针管笔、马克笔、彩色铅笔、比例尺、平行尺、图形模板、绘图纸和其他工具。

一、常见绘图笔

1．铅笔

铅笔是设计手绘的基础工具，适用于草图绘制和修改。在设计过程中，可以使用不同硬度的铅笔来表现景观的明暗、远近和质感。常见的铅笔有 H、B、2B、4B 等硬度型号。其中，“H”表示硬铅，适合细线条绘制；“B”表示软铅，适合粗线条绘制。

2．双头笔

双头笔具有粗、细两种笔头，可以方便地分别完成粗部和细部的绘制。在使用双头笔时，可以根据需要选择不同的笔头，以提高绘图效率。

3．针管笔

针管笔具有非常细的笔头，适用于绘制细节和文字。针管笔的优点在于线条流畅、不易断裂，可以保证绘图的整洁和精细。根据笔头大小，一般常用的针管笔划分为 0.1、0.3、0.5、0.7 等几种型号，其中，0.1 最细，0.7 最粗。针管笔如图 1–2 所示。

图 1-2　针管笔

4．马克笔

马克笔是一种具有鲜艳色彩的笔，适用于绘制彩色图。马克笔的线条较为粗壮，可以提升绘图的视觉效果。在选择马克笔时，可以根据需要选择不同颜色和粗细的笔头。目前，马克笔有水性、油性和酒精性等类型。酒精性马克笔绘制的图形具有较高的透明度，笔触之间的过渡和衔接较为流畅，且品牌和价格的选择范围广泛，因此成了目前最常用的绘图工具。在使用马克笔时，需要保持笔触的坚定和目的性，避免无意义的重复涂抹，以免色彩叠加过深，导致画面显得杂乱。在运用马克笔进行绘画时，应保持轻松且准确的手势，特别是在绘制弧线和圆角时，笔触要自然流畅，顺应形状的变化。当使用马克笔进行填色时，应从最浅的颜色开始，逐一集中填充每个对象，然后逐步过渡到更深色调的部分，这样做可以更好地实现色彩融合。马克笔如图 1-3 所示。

图 1-3　马克笔

5．彩色铅笔

彩色铅笔一般用油性彩色铅笔，适用于绘制色彩丰富的效果图。彩色铅笔的颜色可以叠加和混合，以表现出丰富的色彩效果。在使用彩色铅笔时，建议先用铅笔绘制草图，然后再上色。彩色铅笔分为两种：一种是水溶性彩色铅笔，即笔触可与水溶合；另一种是不溶性彩色铅笔，即笔触不可与水溶合。常用的彩色铅笔有 12 色系列、24 色系列、36 色系列、48 色系列、72 色系列。

二、辅助工具

1．比例尺

比例尺是景观与规划快速设计手绘中必不可少的工具，用于确保绘图尺寸的准确性。比例尺有直尺和圆规两种类型，可以根据实际需求选择合适的比例尺。比例尺如图 1–4 所示。

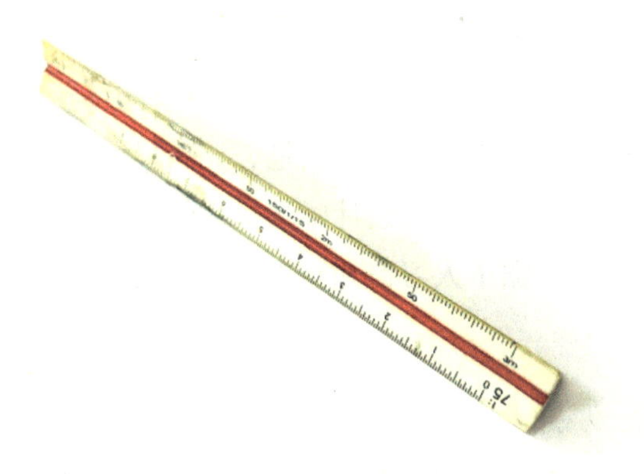

图 1–4　比例尺

2．平行尺

平行尺用于绘制平行线，可以提高绘图的准确性。在使用平行尺时，需要使其与绘图表面保持垂直，以确保绘制出准确的平行线。平行尺如图 1–5 所示。

图 1–5　平行尺

3．图形模板

图形模板是一种用于绘制标准图形的工具，如圆形、方形、三角形等。图形模板可以提高绘图效率，保证图形的规范和一致性。

4．绘图纸

绘图纸是手绘设计的载体，选择合适的绘图纸至关重要。绘图纸有硫酸纸、拷贝纸、水彩纸、复印纸等多种类型，可以根据绘图需求选择合适的纸张。

5．其他工具

除了上述工具外，还有许多其他工具可以辅助手绘设计，如橡皮、涂改液、卷笔刀等。这些工具都可以提高绘图的便捷性和准确性。

综上所述，在景观与规划快速设计手绘过程中，选择合适的工具至关重要。通过介绍铅笔、双头笔、针管笔、马克笔、彩色铅笔、比例尺、平行尺、图形模板、绘图纸和其他工具的特点和应用，可以帮助设计师选择高效、准确的手绘设计工具。在实际操作过程中，设计师可以根据个人习惯和需求，灵活地运用这些工具，发挥设计手绘的最大优势。

第三节　素描与手绘线条的关系

一、认识素描

素描是指用铅笔、炭笔、毛笔等工具，以黑白为主要色调，通过线条、阴影、明暗等手法，对物体进行三维空间的描绘。素描是绘画艺术的基础，也是学习绘画的必经之路。素描可以锻炼绘画者的观察力、表现力和创造力，使其提高对形态、结构、比例、空间等方面的认识。

素描分为静物、风景、人物、动物等题材。根据表现手法和技巧，素描又可以分为写实素描、意象素描、抽象素描等。写实素描注重对客观物体的真实表现，强调比例、结构、明暗、质感等方面；意象素描强调绘画者的主观感受，通过对物体的简化、变形、夸张化等手法，表达内心的情感；抽象素描则完全脱离现实，由线条、形状、色彩等元素构成，追求形式的简洁和构图的和谐。

1．素描形态与色调

（1）形态。形态是指物体外部轮廓、结构、比例等方面的特征。在素描中，形态是表现物体的基础。要准确地描绘物体的形态，首先要观察和理解物体的结构，掌握物体各个部分之间的关系。结构素描的形态如图 1–6 所示。

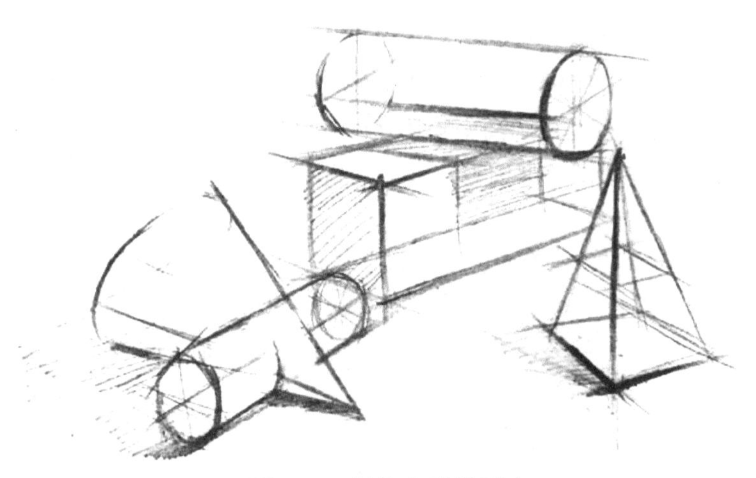

图 1-6 结构素描的形态

在绘制素描作品时，要注意以下三点：

①整体观察：观察要把握整体，避免陷入局部细节，使画面失去整体感。

②对比观察：通过对比物体之间的长短、高低、宽窄等，使形态更加突出。

③动态观察：观察物体时要考虑其动态变化，使形态更加生动。

（2）色调。色调是指画面中明暗、黑白等色彩关系的总称。在素描中，色调是表现物体空间关系、质感、量感等方面的重要手段。

在绘制素描作品时，要注意以下三点：

①明暗关系：明确物体的亮面、灰面、暗面，掌握明暗变化的规律。

②黑白关系：合理运用黑白对比，增强画面的视觉冲击力。

③色彩关系：注意物体之间的色彩关系，使画面色彩丰富、和谐。

2．素描质感、量感与空间感

（1）质感。质感是指物体表面的粗细、光滑、粗糙等方面的特征。在素描中，质感是表现物体材料、质地的重要因素。

在绘制素描作品时，要注意以下三点：

①线条表现：通过线条的粗细、浓淡、虚实等变化，表现物体的质感。

②阴影表现：合理运用阴影，加强物体的立体感。

③笔触表现：运用不同的笔触，如涂抹、擦拭、点擢等，表现物体的质感。

（2）量感。量感是指物体的大小、重量、体积等方面的特征。在素描中，量感是表现物体立体感、空间关系的重要因素。

在绘制素描作品时，要注意以下三点：

①比例表现：把握物体之间的比例关系，使画面更加协调。

②空间表现：通过透视、光影等手法，表现物体的空间关系和立体感。

③构图表现：合理运用构图，使物体在画面中显得更加稳重、协调。

（3）空间感。空间感是指画面中物体之间的空间关系和立体感。在素描中，空间感是表现画面深度、层次的重要因素。素描空间感的要点分析如图 1-7 所示。

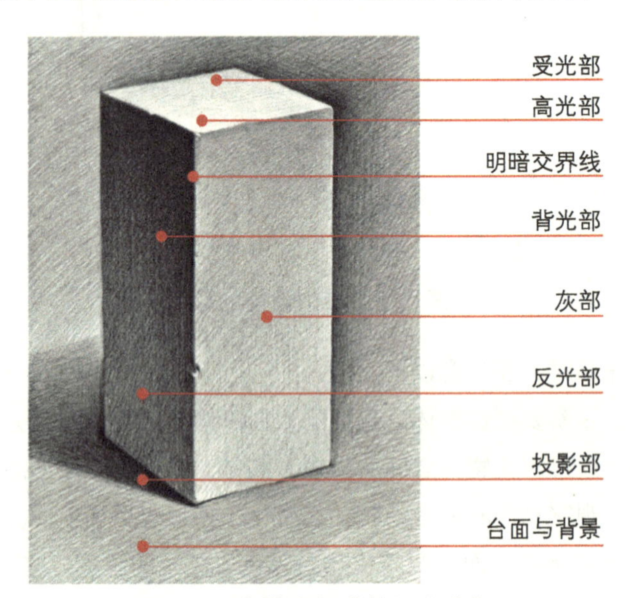

图 1-7　素描空间感的要点分析

在绘制素描作品时，要注意以下三点：

①视表现：运用透视原理，表现物体之间的空间关系，如前后、远近、大小、虚实等。

②光影表现：合理运用光影，加强物体的立体感和空间感。

③氛围表现：通过氛围的营造，使画面呈现出独特的空间效果。

二、素描与设计手绘的关系

1．素描是设计手绘的基础

作为一种基础的绘画技巧，素描是设计手绘的基础。设计手绘是指通过手绘的方式表达出设计思路和创意，它是设计师进行设计表达和沟通的重要手段。素描作为一种基础的绘画技巧，在设计手绘过程中发挥着至关重要的作用。

（1）素描能帮助设计师提高观察力和表现力。在素描过程中，设计师需要仔细观察对象的结构、比例、线条、光影等要素，并将其通过线条、明暗、色彩等手法表现出来。这种观察和表现的过程能够锻炼设计师对事物细节的敏感度，提高他们的审美能力和创造力。

（2）素描为设计手绘提供了基本的技巧和表现手法。设计手绘往往需要运用到线条、形状、比例、构图等基本元素，而这些元素都是素描中的基本技巧。通过学习和实践素描，设计师能够熟悉并掌握这些技巧，从而更好地表达自己的设计思路。

（3）素描能为设计师提供灵感和创意。通过观察和描绘不同的事物，设计师可以汲取灵感，激发自己的创造力。素描不仅是一种技巧，更是一种思考和创作的方式，它能帮助设计师开拓思维，使设计师产生更多有趣的设计想法。

（4）素描能帮助设计师提高沟通和表达能力。通过手绘，设计师可以将抽象的设计思路转化为具象的视觉形象，使他人更容易理解和接受。在设计过程中，素描还可以帮助设计师进行草图的绘制和修改。在设计初期，设计师往往需要进行大量的草图绘制，以探索和确定设计方向。素描技巧的掌握使设计师能更加快速、灵活地进行草图绘制和修改，从而提高设计的效率。

总之，素描作为设计手绘的基础，对于设计师来说具有重要的意义。它能帮助设计师提高观察力、表现力、沟通能力和创造力，为设计工作提供基本的技巧和表现手法。因此，设计师应当重视素描的学习和实践，将其作为设计手绘的基本功来修炼。

2. 设计手绘是素描的应用

设计手绘是素描的一种应用，是将素描技巧用于设计领域的表现形式。设计手绘是在设计过程中表达设计思想和方案的重要手段，它通过对线条、色彩、构图等方面的运用，传达出设计者的意图和创意。设计手绘需要掌握基础的素描技巧，如正确的比例、构图、透视等，这些技巧对于任何设计领域都是基础且必要的。在设计手绘过程中，线条是表达形态和质感的最重要的工具之一，通过线条的粗细、曲直、虚实等变化，可以表现出不同的视觉效果。

设计手绘不仅是一种表现手法，更是一种思考和创作的方式。设计者可以通过手绘来探索和挖掘设计思路，将抽象的想法转化为具象的图像，进一步发展和完善设计方案。设计手绘还可以帮助设计者与客户或项目团队成员之间进行更好的沟通和交流，通过图像的方式来表达和确认设计意图和需求。

在设计领域，设计手绘有着广泛的应用。在景观环境设计中，设计手绘可以表达出空间布局、色彩搭配和材料选择等方面的想法，帮助设计者更好地呈现设计方案；还可以表现出景观的格局、环境和气氛，更好地展示设计者的创意和设计理念。

设计手绘是设计领域中不可或缺的一部分，是将素描技巧用于设计领域的表现形式。设计手绘需要设计者掌握基础的素描技巧，通过线条、色彩和构图等表现手法，传达出设计者的意图和创意。设计手绘不仅可以帮助设计者探索和挖掘设计思路，还可以帮助设计者更好地与客户或项目团队成员之间进行沟通和交流，有着广泛的应用价值。素描知识在针管笔手绘中的转化如图 1-8 所示。

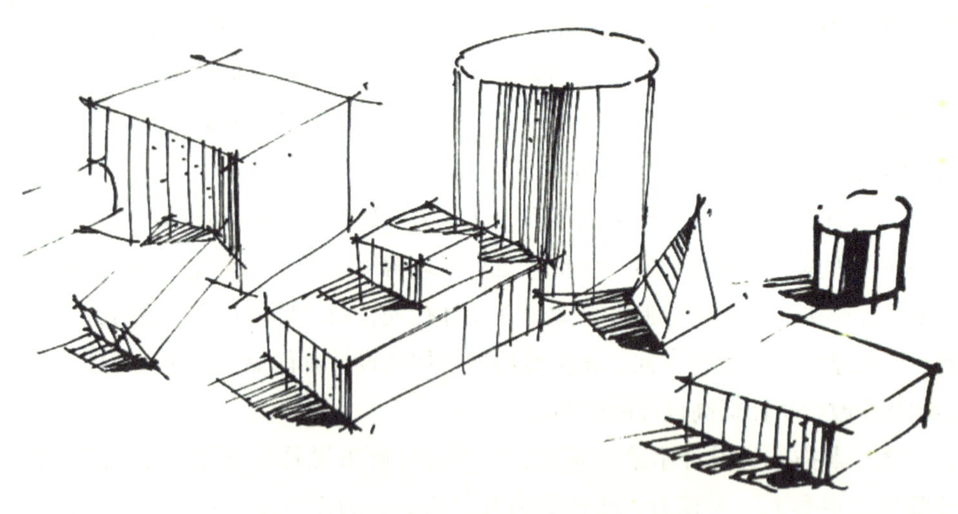

图 1-8　素描知识在针管笔手绘中的转化

3. 素描与设计手绘的相互促进

素描与设计手绘是两种紧密相连的艺术形式，它们在彼此的实践中相互促进、相得益彰。素描作为艺术创作的基石，是对客观世界的直观表达，而设计手绘是在素描的基础上融入了创新思维和实用性考虑，是对素描的延伸和拓展。它们之间相互促进，不仅提高了艺术创作的质量，而且丰富了艺术表现的形式。

（1）素描为设计手绘提供了扎实的基础。素描是对物体形态、结构、比例等方面的直观表达，是艺术创作的基础。只有对素描有深入的理解和掌握，才能在设计手绘中准确地表达出设计理念。通过素描，设计师可以对人体、景观、建筑等元素有更深入的理解，从而在设计手绘时更加得心应手。

（2）设计手绘在素描的基础上融入了创新思维和实用性考虑。设计手绘不仅是将素描中的形态、结构、比例等元素转化为实用性的设计，更是对素描的一种创新和发展。设计师通过对素描的理解和掌握，结合实际情况，将设计理念转化为具体的设计方案。这种创新和发展，不仅丰富了艺术创作的形式，而且提高了创作的质量。

（3）素描与设计手绘的相互促进，推动了艺术与实用的结合。在设计手绘中，设计师需要在表达艺术美的同时，考虑到实用性。这种考虑，使得设计师在素描的基础上，更加注重功能的实现和材料的运用，使艺术与实用相结合，提高了设计的质量和效果。

总的来说，素描与设计手绘的相互促进，不仅提高了艺术创作的质量，而且丰富了艺术表现的形式。它们之间的相互促进，是艺术创作中不可或缺的一部分，也是艺术与实用相结合的体现。在未来的设计创作中，我们应该更加重视素描与设计手绘的相互促进，以此推动艺术与设计的紧密结合，创造出更多高质量、高品位的设计作品。

三、素描与针管笔线条的造型组合关系分析

1．素描与针管笔线条的运用

素描是一种艺术形式，它是通过线条、明暗、色彩等手段，在二维空间中表现三维形态的一种绘画方式。针管笔线条则是素描中常用的一种工具和技巧，通过针管笔在纸张上绘制出细小的线条，可以达到表现形态、质感、空间等效果的目的。

在素描中，线条是构成形象的基本元素，它可以直接表现出物体的轮廓、结构、质感等信息。而针管笔线条则是一种特殊的线条，它的特点是细腻、流畅、可控制性强，可以通过不同的压力和速度，绘制出不同的线条效果。这种线条的运用，使得素描的表现力更加强烈，可以更加精细地表现出物体的细节和质感。

针管笔线条在素描中的运用，主要有以下四个方面。

（1）轮廓线。轮廓线是表现物体形状和结构的基本线条，决定了物体的基本形态。通过针管笔绘制轮廓线，可以使物体的形状更加准确、清晰，同时也可以增强物体的立体感。

（2）明暗线。明暗线是表现物体光影效果的重要线条，它通过不同的线条粗细、浓淡，表现出物体的明暗关系和空间感。通过针管笔绘制明暗线，可以更加细腻地表现出物体的质感和空间关系。

（3）质感线。质感线是表现物体质感的重要线条，它通过不同的线条效果，表现出物体的表面特征。通过针管笔绘制质感线，可以更加精细地表现出物体的表面纹理等细节。

（4）辅助线。辅助线是为了帮助绘制更加准确的物体线条而采用的一种辅助线条。在素描过程中，有时需要通过辅助线来确定物体的位置、比例等信息。通过针管笔绘制辅助线，可以更加精确地确定物体的形状和结构。

总的来说，素描与针管笔线条的造型组合关系，是一种相辅相成的关系。素描通过线条、明暗、色彩等手段，表现三维形态的空间关系和质感效果，而针管笔线条则是实现这种表现效果的重要工具和技巧。通过灵活地运用针管笔线条，可以增强素描

的表现力和精细度，使素描作品更加具有艺术魅力。针管笔表现的形体素描关系如图1–9所示。

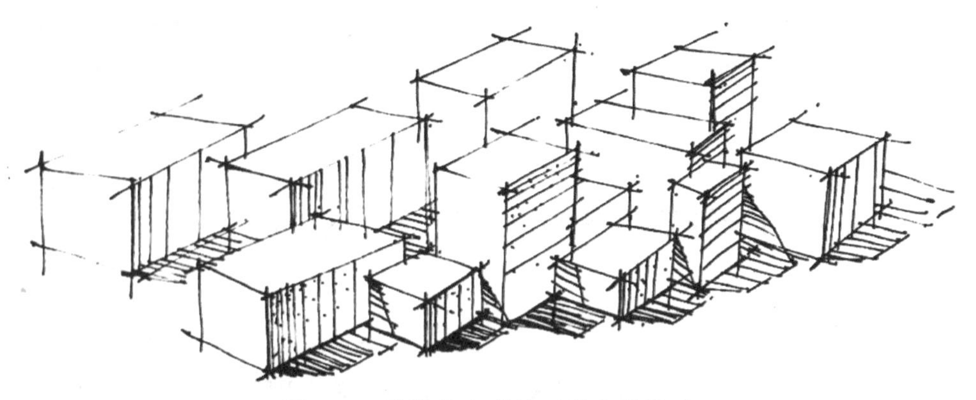

图 1–9 针管笔表现的形体素描关系

2. 针管笔线条训练的注意事项

在使用针管笔训练线条和进行物体组合时，初学者应特别留意各物体间的遮挡关系。当给物体添加光影效果时，应重视投影长度和比例的变动，以及投影在地面与物体立面的效果。很多初学者刚开始练习时会忽略光影的变化规律，这可能导致在后续的透视图绘制中画面不完整。这一阶段的重点仍然是提高运用线条构建立体物体的熟练度，可以通过线条练习来再现真实场景的组合，同时可以适量添加场景中的植被、铺设物等元素，为之后的空间透视表达打下坚实的基础。

在手绘学习的初期阶段，线条练习应从最基础的形体开始，同时关注线条的运笔和排列方式以及线条与物体的空间关系。利用素描的基本技巧来进行针管笔线稿的训练，不仅有助于提升初学者的空间构图和线条描绘精准度，还能帮助手绘学习者培养徒手绘图的能力。

第四节 手绘线条认知

一、手绘线条的表现方法

1. 线条的特征

（1）直线的特征。直线是景观与规划快速手绘设计中最基础的线条类型，具有明确、简洁、有力的特征。在设计过程中，直线可以表达出设计师在空间布局、界面处

理和景观元素配置等方面的运用意图，展现出景观设计的秩序感和逻辑性。同时，直线还能够体现出设计师对比例、对称和节奏等美学原则的把握，使设计作品具有更好的视觉效果。在实际操作中，设计师应熟练掌握直线的绘制技巧，包括线条的粗细、长短、曲直等变化，以及由直线组合而成的各种形状和图案。通过灵活地运用直线，设计师可以打造出功能合理、美观和谐的景观环境。针管笔直线条的表现如图 1–10 所示。

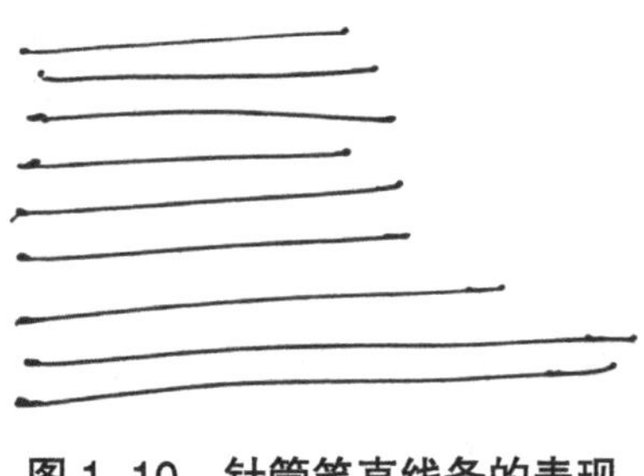

图 1–10　针管笔直线条的表现

（2）曲线的特征。曲线具有柔美的形态，可以使设计作品显得更加优雅、流畅，给人一种动态的美感；可以使设计元素之间的过渡更加自然，增强整体的和谐感。手绘设计中需要把握曲线的不同弧度和方向，以创造出丰富多样的视觉效果，提高设计作品的吸引力和审美价值。针管笔曲线条的表现如图 1–11 所示。

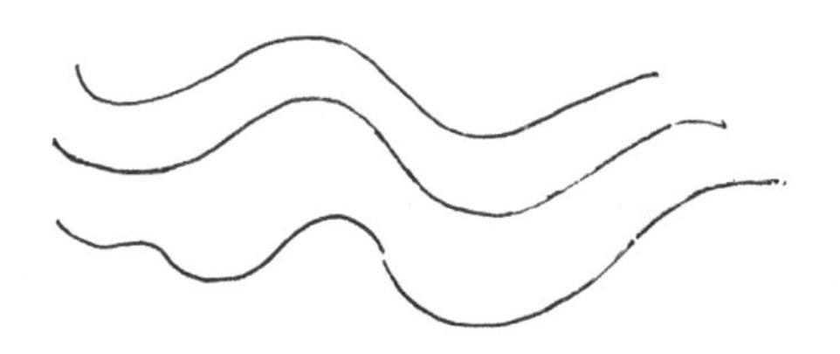

图 1–11　针管笔曲线条的表现

2．线条的练习方法

（1）注重坐姿。正确的坐姿有利于保持身体的舒适和持久，从而能更好地投入线条的练习中。在练习手绘时，要保持身体挺直，双脚平放地面，舒适地坐在椅子上。在练习线条时，颈部要保持放松，眼睛与纸张要保持适当的距离，手臂要自然用力。

（2）正确的握笔方式。一般而言，握笔方式分为拇指握笔法、三指握笔法和五指握笔法。在手绘设计中，建议使用三指握笔法。具体操作如下：将拇指、食指和中指放在笔的三个不同位置，形成一个稳定的三角形。拇指和食指轻轻对笔施压，中指用来支撑笔，保持笔的稳定。这种握笔方式可以灵活地控制笔的方向和力度，使线条更加流畅。

（3）起笔与收笔。起笔是指开始画线时的动作，收笔是指结束画线时的动作。起笔与收笔的技巧对于线条的质量有重要影响。在起笔时，要保持轻松自然，不要用力过猛。可以先轻轻地按下笔尖，然后逐渐加大力度，使线条逐渐变粗。在收笔时，要学会逐渐放松手指，使线条逐渐变细，形成一个自然的结尾。起笔与收笔的练习需要反复进行，以达到熟练掌握的程度。

（4）画线的速度。画线的速度对于线条的流畅性和准确性有很大影响，过快的画线速度容易导致线条粗糙、不稳定，而过慢的画线速度则会使线条显得拖沓、缺乏力度。适中的画线速度可以使线条更加流畅、准确，同时也能够保持手的舒适度。在练习时，可以尝试调整画线速度，找到适合自己的最佳速度。

3. 线条的造型组合方法

（1）注重线条在形体轮廓上的搭接。在景观与规划手绘设计中，线条是构成形体轮廓的基础。线条的搭接对于形体的表现至关重要。在练习时，需注意线条的连接要流畅，以确保形体轮廓的完整性，尤其是接头部分的线条不可以断。对于初学者来说，通常可以通过练习简单的几何形状，并逐渐提高难度，来达到熟练掌握的程度。

（2）加强物体结构线和明暗交接线的刻画。物体结构线是指物体表面的骨架线条，明暗交接线是指物体明暗交界处的线条。这两类线条对于形体的立体感和质感表现至关重要。在练习时，需注意结构线和明暗交接线的刻画要准确，力度要适中。

（3）轮廓线要注重透视产生的虚实关系。轮廓线在透视中产生的虚实关系对于空间的表现至关重要，在练习时需注意轮廓线的虚实变化要符合透视规律。

（4）线条的排布应遵循透视原则。在用针管笔线条表现物体的素描关系时，线条的排布对于空间的表现和视觉引导至关重要。这里特别需注意线条的排布要符合透视原则，即近大远小的原则，用线条的疏密表现出物体的空间透视关系。

（5）线条的明暗关系组织应遵循短边原则。线条的明暗关系组织能影响物体刻画的立体感和质感表现。在用线条表现物体的明暗关系时，线条的方向最好与所在面的短边相一致，这样用线条刻画的物体明暗关系既轻松又自然。

（6）注重点、线、面结合的明暗关系表达。如果纯粹用线条表现物体的明暗关系比较困难时，可以借助打点与线条相结合进行刻画，使画面形成点、线、面结合的明暗关系效果。针管笔线条的造型训练如图 1–12 所示。

4. 加强线条、体块造型练习的意义

（1）线条、体块造型练习有助于提高设计师的设计创作表现力。在设计创作的过程中，设计师需要通过线条和体块的组合来表达设计理念，塑造空间形态。加强线条、体块造型练习，可以帮助设计师更好地掌握这些基本元素的应用，以提高设计作品的表现力。

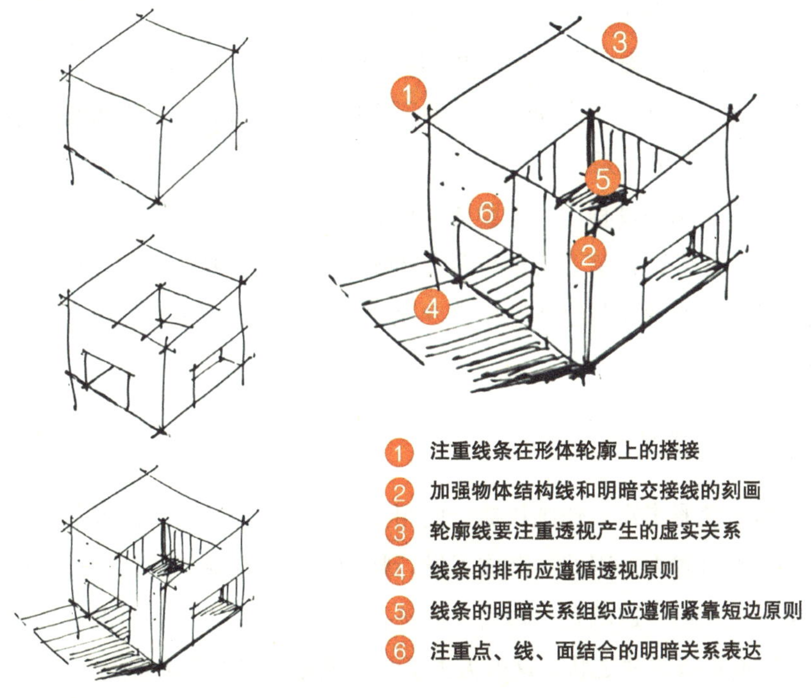

图 1-12　针管笔线条的造型训练

（2）线条、体块造型练习有助于培养设计师的空间感知能力和想象力。在练习过程中，设计师要不断地尝试不同的线条和体块组合，从而形成独特的设计风格。这种练习方式可以帮助设计师在景观与规划过程中，更好地把握空间关系，创造出富有创意和个性的景观设计。

（3）线条、体块造型练习有助于提高设计师的绘画技巧。在快速手绘设计中，设计师需要迅速、准确地表达设计意图。通过线条、体块造型练习，设计师可以熟练掌握各种线条和体块的绘制方法，提高手绘的表达能力。

（4）线条、体块造型练习有助于快速传达设计师在设计过程中的设计想法。在实际项目中，设计师往往需要与客户、施工方等多方沟通。良好的线条、体块造型能力可以使设计师在沟通中更加自信，更容易让对方理解其设计意图。

二、造型训练

1．针管笔线条的造型训练

（1）用简洁的线条勾勒不同物体组合的轮廓线，同时要求线条搭接宁可出头交叉也要形成闭合。

（2）线条的明暗调子铺设需要遵循“短边原则”和“透视原则”。“短边原则”即线条的铺设方向要考虑所在面的短边，以短边为基准排布线条，这样既省时又省力，形成的线条块面也美观。“透视原则”即所有的线条排布需要考虑疏密关系，也就是说需要考虑空间远近的关系。

（3）在深入刻画的过程中，需要选择重点部分进行刻画，主要包括投影线、明暗交界线等部位。此外，在练习线条与多个物体的组合时，要特别注意物体投影的长度比例变化以及投影在地面与物体立面的变化效果。针管笔线条造型组合的练习步骤如图 1–13 所示。

2. 马克笔线条的造型训练

马克笔由于色彩丰富、作画快捷、使用简便、表现力较强，而且适合用于在各种纸张上作画，省时省力，因此逐渐成了设计师的宠儿。马克笔的运笔过程比较忌讳用笔遍数过多。应在第一遍颜色干透后，再进行第二遍上色，而且要准确、快速，否则色彩会因渗出而形成混浊之状，这就失去了马克笔透明和干净的特点。

马克笔表现形体组合时的用笔规律及绘图程序与针管笔有相似之处，但是有四点需要特别注意的地方。

（1）注意形体的相互遮挡关系。在手绘过程中，形体之间的遮挡关系是表现空间层次感的关键。通过合理地安排形体的前后关系，可以使画面更加丰富且有层次。对于被遮挡的形体，可以用较淡的颜色或者虚化的笔触来表现，以突出主体的形体。

（2）注意用笔的粗细对比关系。马克笔的笔触有粗有细，通过不同的笔触变化，可以表现出物体的质感和空间感。在手绘设计中，可以用较粗的笔触来表现物体的主要明暗关系，用较细的笔触来表现背景或者细节部分，从而使画面更加有层次。

（3）注意虚实的空间透视关系。通过合理地处理近大远小、近实远虚的关系，可以使画面产生强烈的空间透视效果。在绘制过程中，可以用实的笔触来表现近处的物体，用虚的笔触来表现远处的物体，以增强画面的空间感。

（4）注意光源与投影变化效果。光源的强弱和方向会影响物体的明暗和投影。因此，在手绘设计中需要根据光源的位置和强度来调整笔触的深浅和粗细，以表现出物体的立体感和光影效果。

灰色马克笔的体块练习、彩色马克笔的体块练习、彩色马克笔的体块组合练习分别如图 1–14、图 1–15、图 1–16 所示。

（1）

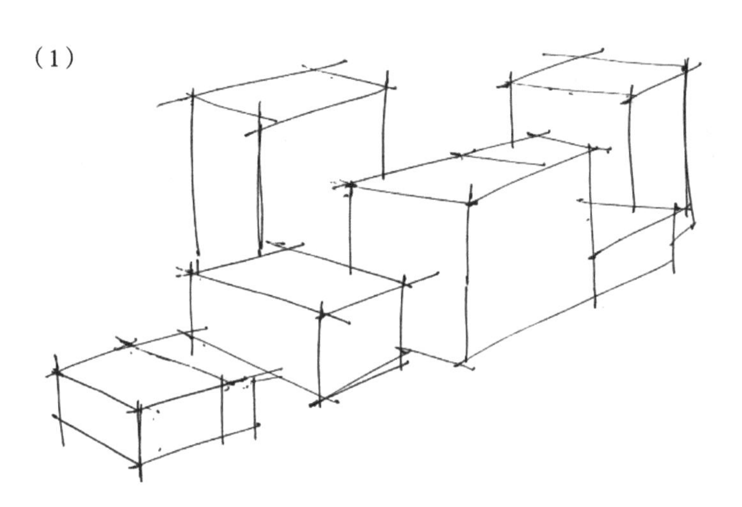

（2）

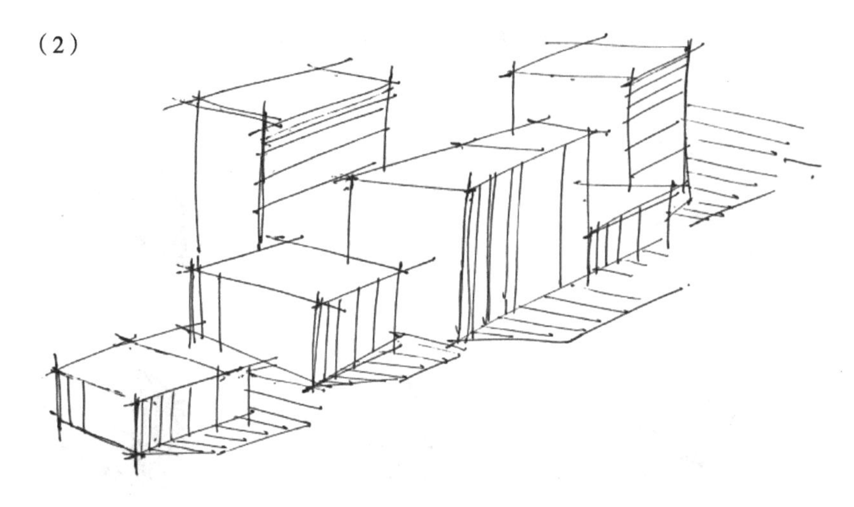

（3）

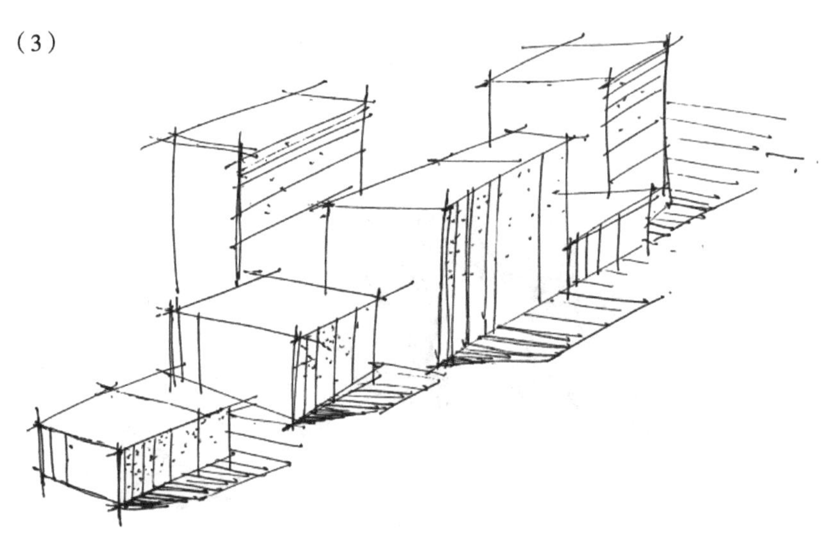

图 1-13 针管笔线条造型组合的练习步骤

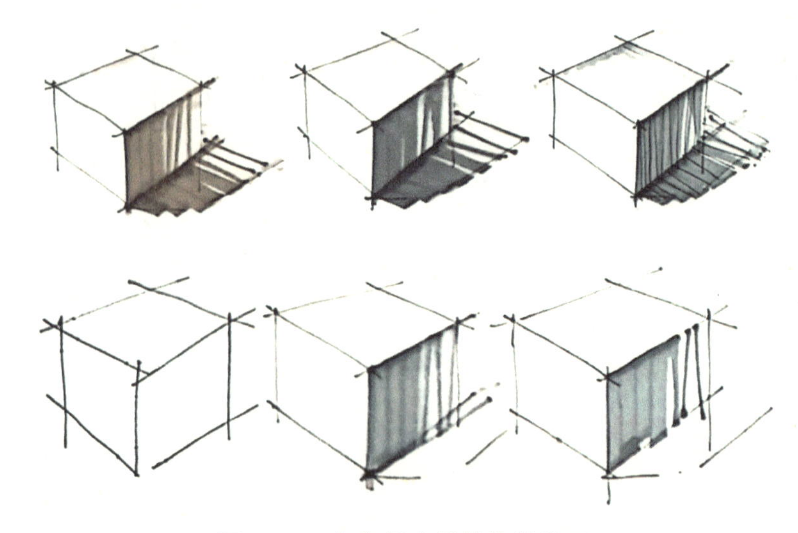

图 1-14　灰色马克笔的体块练习

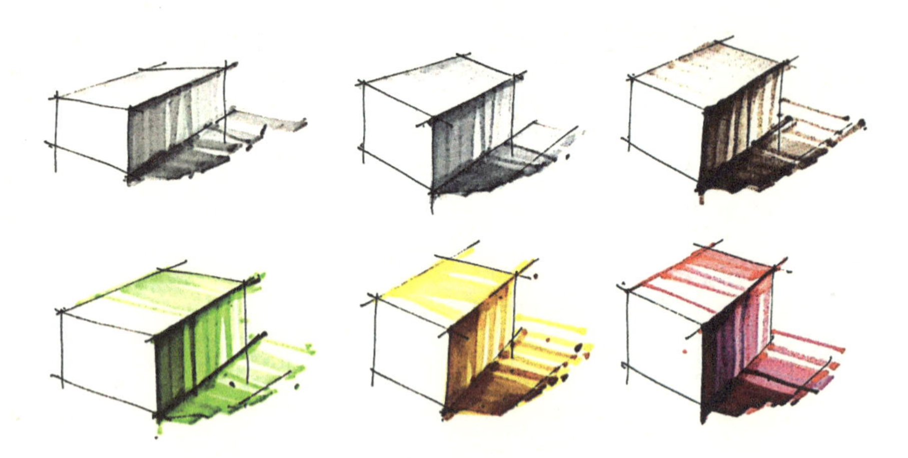

图 1-15　彩色马克笔的体块练习

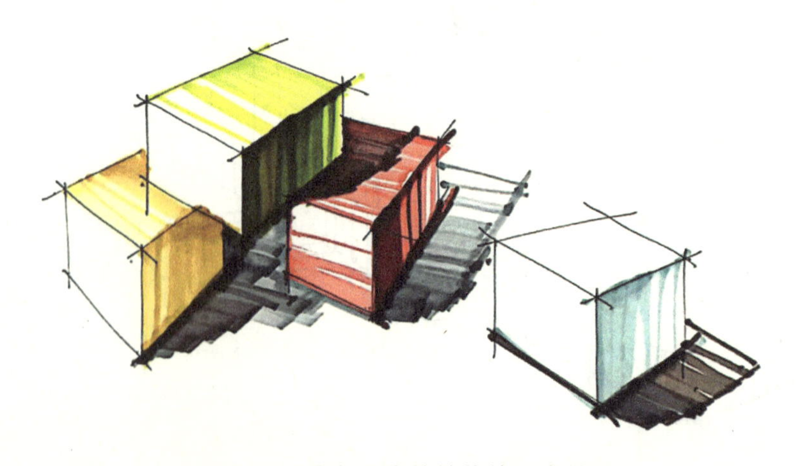

图 1-16　彩色马克笔的体块组合练习

第二章　总平面图的设计手绘表达

第一节　总平面图的设计要素分析

一、总平面图的基本知识

景观与规划的总平面图是指在对项目基地进行详细调查和分析的基础上，运用图形、符号、文字等多种表达方式，将场地现状、规划设计内容、设计理念、设计目标等信息进行综合展示的图形表达。它是景观与规划设计的重要成果，也是项目实施的重要依据。

从场地现状来看，总平面图展示了项目基地的地形、地貌、植被、水系等自然条件，以及建筑物、道路、构筑物等人文环境，为景观与规划设计提供了基础数据和参考。从规划设计的角度来看，总平面图展示了设计师对项目基地的空间组织、功能分区、景观结构等规划设计内容，具体包括道路、建筑、景观元素、绿化等的设计布局，体现了设计师的设计理念和目标。从设计理念和目标的角度来看，总平面图蕴含了设计理念、设计目标、设计原则等，这些内容通过图形、符号、文字等方式表达出来，为项目的设计和实施提供了指导和依据。

二、总平面设计图的内容要素

总平面设计图是建筑、景观与规划设计中非常重要的一项内容，它涵盖了诸多关键信息和要素，对于整个项目的规划、建设和使用都具有至关重要的意义。以下将详细阐述总平面设计图的基本内容。

1．场地保留的地形和地物

总平面设计图需要准确展示场地现有的地形特征，如地势的高低起伏、坡度、山

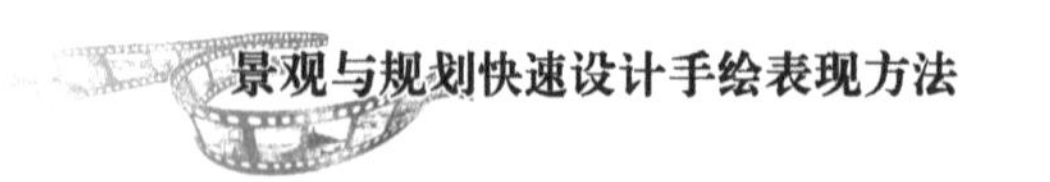

丘、山谷等。这些地形信息对于建筑的布局、排水系统的设计以及土方工程的规划等都有直接的影响。同时，场地内原有的地物，如大树、古迹、特殊的地质结构等也应明确标注，以便在设计过程中充分考虑对其进行保护和利用。

2．道路红线、建筑控制线和用地红线等

道路红线规定了城市道路用地的边界，总平面设计图中需清晰显示，以确保建筑和场地设施不超出规定范围。建筑控制线限定了建筑物的可建设区域，以保证建筑物之间有合理的空间关系。用地红线则明确了整个项目用地的边界，它是整个设计的基础框架。这些红线的准确标注有助于确保项目的合法性和合规性。

3．基地周边场地

需详细标注场地四周原有的及规划的道路，包括道路的宽度、等级、名称等。这对于项目的交通组织和周边环境的衔接至关重要。明确周边的绿化带位置和范围，这不仅有助于提升项目的环境品质，还能在一定程度上改善周边的生态环境。此外，周边主要建筑物及构筑物的位置、名称、层数和间距等信息也需要准确呈现，以便分析和处理与周边建筑的相互关系，如日照、通风、视觉等方面的影响。

4．规划中的建筑物、构筑物的确定位置、名称和建筑高度

在总平面设计图中，规划中的建筑物和构筑物应准确定位，包括其在场地内的具体坐标和相对位置。每个建筑物和构筑物都应赋予明确的名称，以便于识别和管理。建筑高度的标注对于日照分析、城市天际线的塑造以及消防等方面都有重要参考价值。通过合理安排建筑物的高度，可以实现空间的有效利用，同时避免对周边环境造成不利影响。

5．道路、广场、停车场及停车位、消防车道及高层建筑消防扑救场地的布置

道路的设计应满足交通流畅和安全的要求，包括车行道、人行道、路口的设计等。广场可以为人们提供聚集和活动的空间，其位置和大小应根据功能需求进行合理规划。停车场和停车位的布置要考虑车辆的通行便利性和停车数量的需求。消防车道的设置是为了确保消防车能够快速到达建筑物，高层建筑消防扑救场地的规划则是为了满足高层火灾扑救的特殊要求。必要时可以加绘交通流线，直观地展示车辆和人员的通行路径，以便于分析和优化交通组织方案。

6. 场地绿化、景观及休闲设施的布置

绿化的布置可以改善场地的生态环境，增加空气湿度，降低噪声，提升景观品质。景观设计包括水景、小品、绿化组团等，能够营造出舒适、宜人的空间氛围。休闲设施如座椅、亭子、健身器材等的布置，为人们提供了休闲和娱乐的场所。这些元素的合理组合可以提升场地的吸引力和使用价值。

7. 指北针或风玫瑰图等基本图示符号

指北针明确了场地的方向，使人们能够准确地辨别方位。风玫瑰图则展示了该地区的风向频率分布，对于建筑的通风设计、污染物扩散等具有参考价值。这些基本图示符号是总平面设计图不可或缺的组成部分，为读图和理解设计意图提供了重要的辅助信息。

8. 主要技术经济指标表

主要技术经济指标表包括总用地面积、建筑面积、容积率、绿地率、建筑密度等关键指标。这些指标反映了项目的规模、密度和资源利用效率等方面的情况，是评估项目可行性和合理性的重要依据。通过对这些指标的分析和比较，可以优化设计方案，实现项目的经济效益、社会效益和环境效益的平衡。

9. 其他补充图例

根据项目的特殊需求和设计内容，可能还需要增加一些补充图例，如特殊的设备、管道、标识等。这些图例应清晰明了，以便于读图和理解设计细节。

10. 设计说明及其他必要的补充说明

设计说明详细阐述了设计的理念、依据、目标和方法等，可以帮助人们更好地理解设计意图和背后的思考过程。其他补充说明可能包括对特殊技术要求、施工注意事项、与周边环境的协调要求等的解释和说明。这些文字内容与图形相结合，能全面地传达设计的信息和要求。

作为一项综合性的设计成果，景观规划总平面设计图整合了建筑、规划、景观、交通等多个领域的知识和技术。在设计过程中，需要充分考虑场地的自然条件、周边环境、功能需求以及法律法规等多方面的因素。通过精心设计和优化，可以实现场地的设计目标。

第二节　总平面图的手绘要点分析

一、总平面图的关系要点分析

总平面图可以反映出设计的整体规划结构、场地空间关系、重要节点样态等，是整个方案的先驱部分、基础部分。手绘总平面图在前期方案设计中非常重要，它直接体现了设计者对场地的解读能力、规划能力、环境设计能力、建筑设计能力、方案表现能力等的综合能力。一张完整的总平面图应该交代清楚基地内的场地关系和基地外的周边环境关系。

从总平面图能够看出基地内的场地关系，其中包括建筑组合形态、建筑朝向、建筑层高、场地主次入口、基地内道路关系、停车位置、基地绿化等。从基地与周边环境的关系来看，包括基地周边的道路关系、基地周边的绿化关系、场地周边的用地属性及楼层高度等情况。从总平面图的制图规范来讲，绘制总平面图一定要按照规定的比例，绘制时一定要从总体出发，力求规划结构清晰、路网有条理、建筑形体规范。同时，绘图时需要遵守国家相关规范（如建筑日照间距、消防间距等）来表达总平面图的设计意图。此外，总平面图的色彩关系要保持统一的风格，以清晰、淡雅为主，不宜浓墨重彩、过于花哨，因为色彩的最终目的是帮助观看者更好地理解设计信息。

滨水小游园的手绘总平面图如图 2-1 所示。

二、手绘表达要点与要求

景观与规划设计的总平面图是展示整个景观项目布局和设计理念的重要图纸，手绘总平面图具有独特的艺术魅力和直观的表达效果。在景观与规划方案设计中要绘制好的总平面图也并非易事，以下要点需要特别重视。

1．比例与尺度

准确的比例是确保总平面图的真实性和可理解性的关键。要根据项目的实际范围和重点内容，选择合适的比例，使图纸既能清晰地呈现细节，又能展现整体布局。同时，要注意不同规划设计元素之间的尺度关系，如建筑物、道路、绿地等，以体现出空间

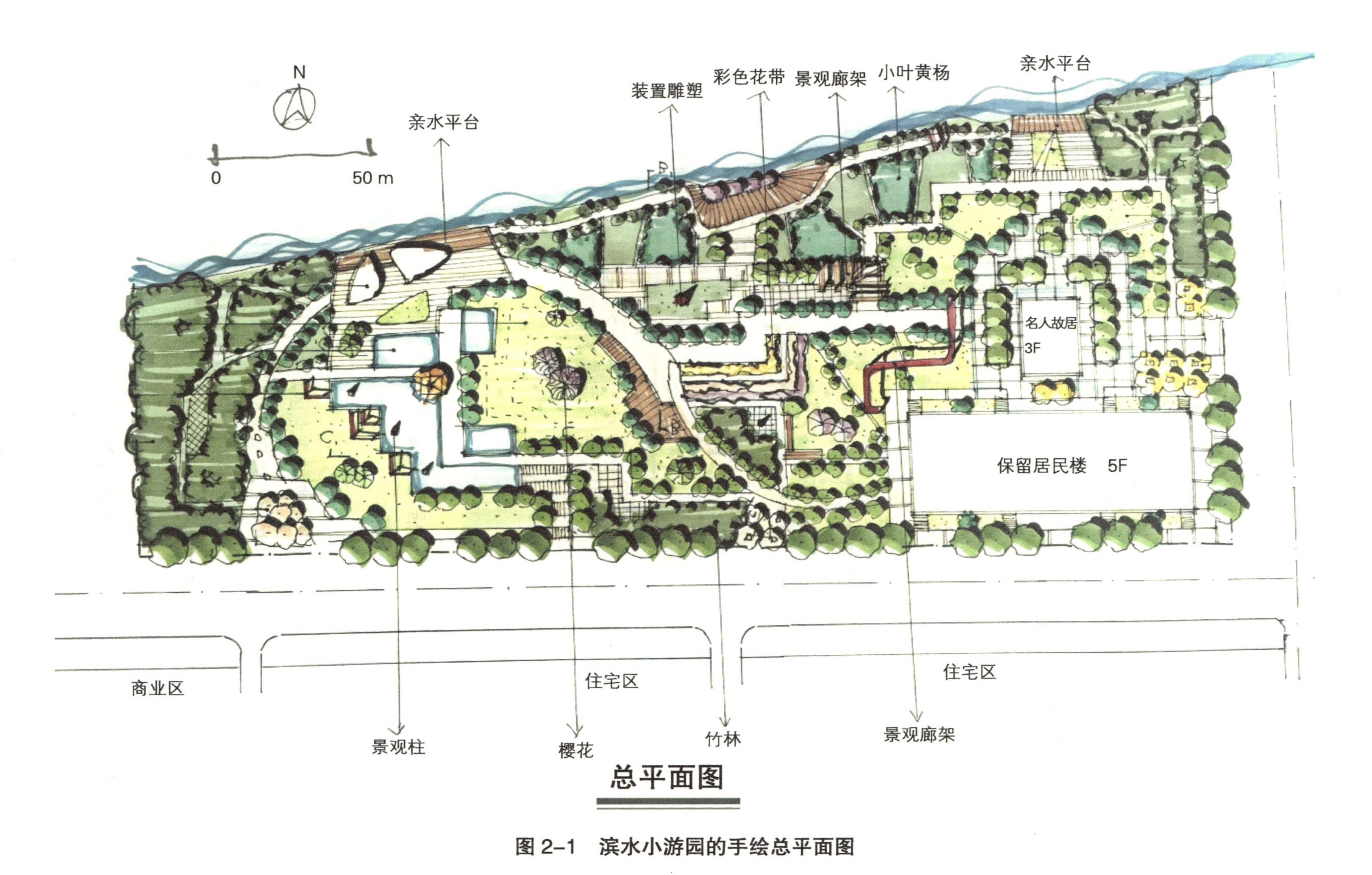

图 2-1 滨水小游园的手绘总平面图

的层次感和合理性。

2．线条运用

清晰、流畅的线条是手绘总平面图的基础。可以用不同粗细的线型来区分不同的设计元素，如用粗实线表示建筑物轮廓、细实线表示道路边界等。线条的绘制要有力度和节奏感，避免生硬或模糊。可以通过线条的变化来表现地形的起伏、水体的流动等。

居住小区的规划总平面线稿如图 2–2 所示。

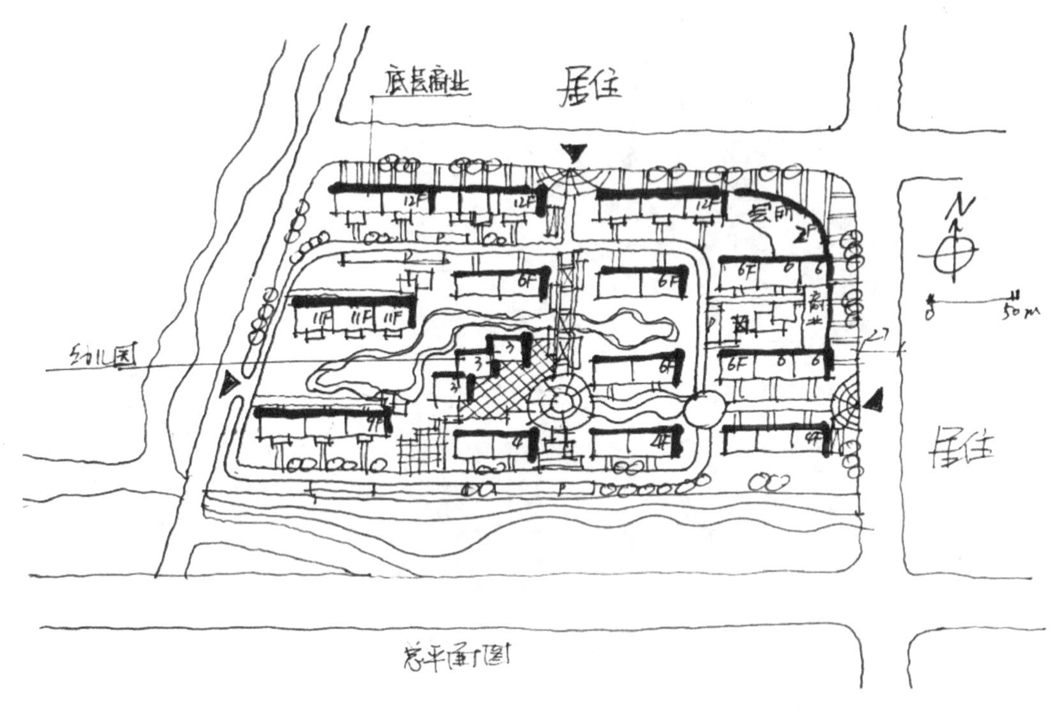

图 2–2　居住小区的规划总平面线稿

3．色彩搭配

运用色彩的对比和调和来突出规划的重点区域、区分不同功能空间，既可以增强图纸的感染力和表现力，又能够营造出规划空间的层次感和立体感。通常在绘制景观与规划总平面图时会选择适合景观与规划主题的色彩体系，如自然色系、明快色系等；而对于植物等元素，则可以采用特定的色彩来表示不同的植物类型，凸显总平面图的色彩丰富性。

街头绿地景观总平面的色彩表现如图 2–3 所示。

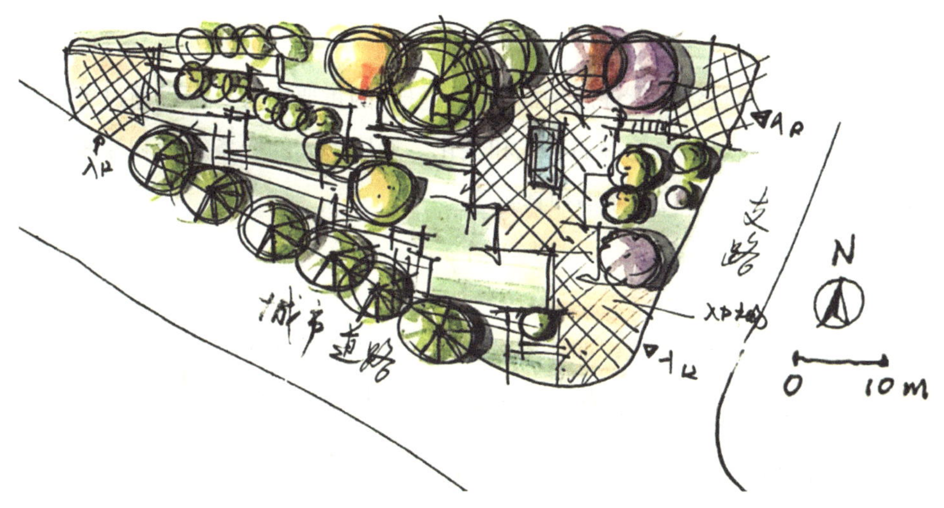

图 2–3 街头绿地景观总平面的色彩表现

4．细节描绘

细致的细节描绘能提升图纸的质量和可信度。细节描绘包括建筑物的屋顶造型、道路的铺装样式、水体的驳岸处理、草地的形态、树冠的大小等。此外，一些重要建筑或者场所的空间尺寸、标高、文字说明等信息也可以在总平面图中标明和展现，使图纸更具完整性和可读性。

街头绿地景观总平面的细节表现如图 2–4 所示。

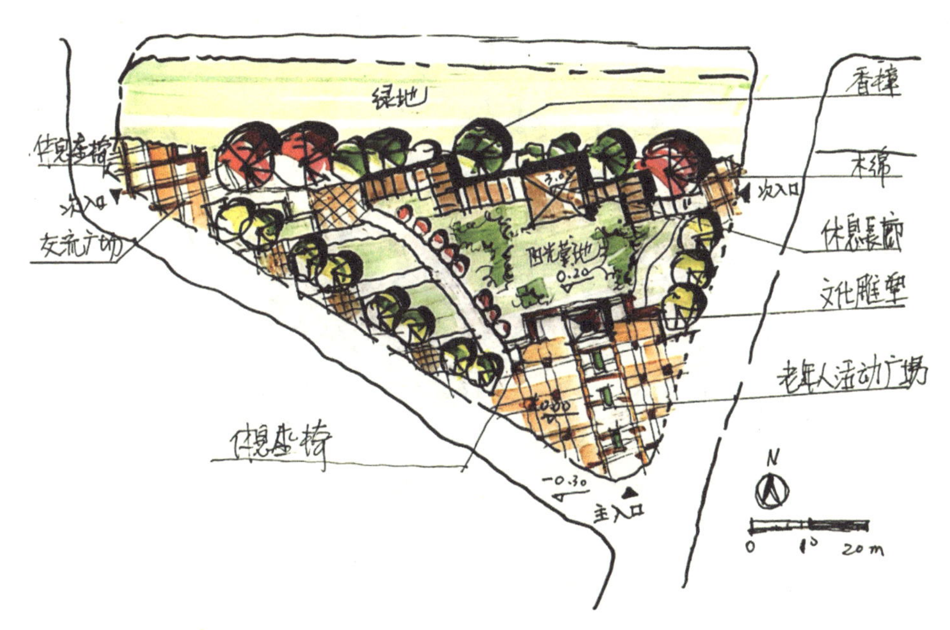

图 2–4 街头绿地景观总平面的细节表现

5．地形表现

准确地表现地形是景观设计总平面图中要呈现的重要内容。可以通过等高线、坡向箭头、阴影等元素来展示地形的起伏和变化。运用不同的线条密度和深浅来表示不同的坡度，可以增强图纸的立体感和真实感。

6．功能分区

明确划分不同的功能区域，如休闲区、活动区、种植区等，并通过线条、色彩及图案等进行区分，这有助于参观者快速理解景观的功能布局和规划意图。

7．周边环境

需要考虑周边环境对景观的影响，如周边建筑物、道路、自然景观等。通过适当的表示手法将其融入总平面图中，可以使整个设计与周边环境相协调。

8．艺术效果

在保证准确性的前提下，需注重手绘的艺术效果。可以运用一些手绘技巧，如晕染、排线、笔触变化等，来增强图纸的艺术性和生动性（图 2–5、图 2–6）。但是要避免因过度追求艺术效果而牺牲图纸的功能性。

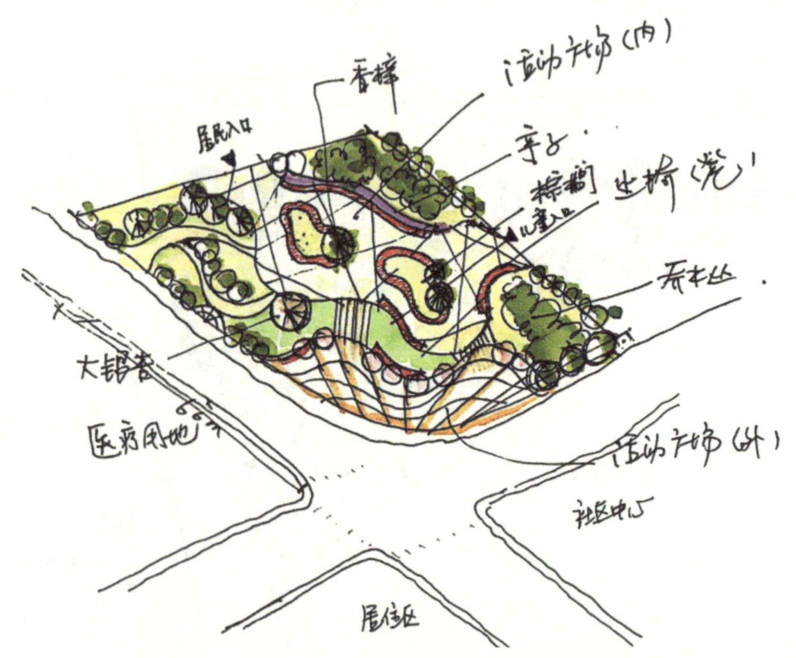

图 2–5　街头绿地景观总平面的艺术表现 1

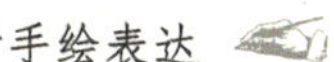

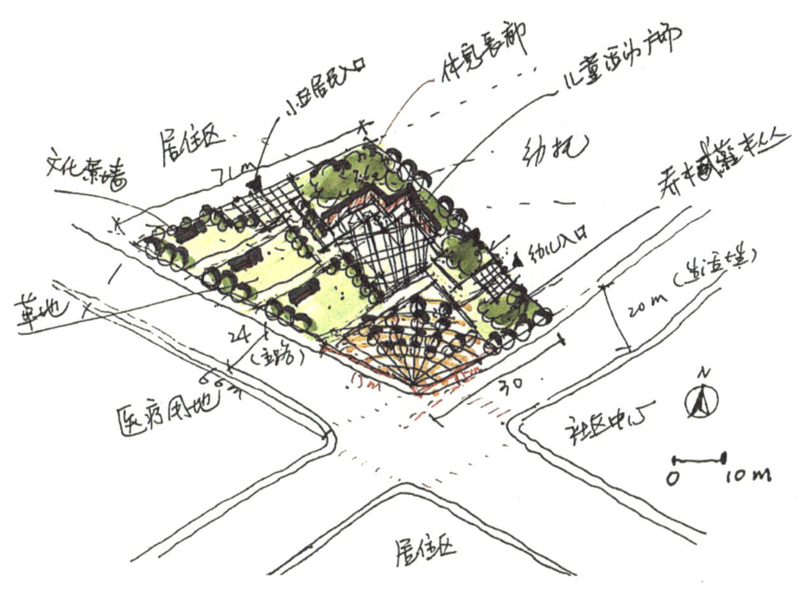

图 2-6 街头绿地景观总平面的艺术表现 2

9. 修改与完善

在手绘过程中要不断地进行修改和完善，例如，检查比例是否正确、细节是否遗漏、线条是否清晰等。应根据需要进行多次调整，直至达到满意的效果。

第三节 手绘总平面图的要点

手绘景观与规划总平面图是景观设计过程中非常重要的表达形式，它能够直观地展现设计的整体布局和思路。以下是手绘景观与规划总平面图的详细生成步骤解析。

一、前期准备

1. 资料收集

（1）收集场地的地形测绘图、周边环境等信息，全面了解场地的基本情况。

（2）明确项目的设计要求、功能需求、设计风格定位等。

2. 工具准备

（1）优质的绘图纸，如硫酸纸或专用的绘图纸。

（2）各种型号的铅笔，如 2B、HB 等，用于起稿和勾勒线条。

（3）绘图笔，如针管笔、勾线笔等，用于绘制清晰的线条。

（4）橡皮擦，用于修改错误。

（5）马克笔、彩色铅笔等，用于上色。

二、确定图幅与比例

确定图幅与比例是景观与规划快速手绘设计的重要步骤，也是总平面图生成的基础。图幅是指图纸的大小，比例是指图纸上的尺寸与实际尺寸之间的比例关系。

1．确定图幅

图幅的选择应根据设计项目的规模和复杂程度来确定。对于小型项目，如庭院、小区等，一般选择 A2、A3、A4 图纸即可；对于中型项目，如公园、广场等，则应选择 A1、A2 图纸；而对于大型项目，如城市绿地、大型居住区等，则可能需要选择更大的图纸。图幅的选择应保证设计内容能够充分展示，同时避免图纸过大导致绘制困难。

2．确定比例

比例的选择应根据设计项目的具体要求和表现需要来确定。一般常用的比例有 1∶500、1∶1000 和 1∶2000。对于详细设计，如庭院、小区等，可以选择 1∶500 或 1∶1000 的比例，以便于表现细节；对于宏观设计，如城市绿地、生态保护区等，则应选择 1∶1000 或 1∶2000 的比例，以便于表现整体布局。同时，应注意在设计中保持一致的比例，避免出现比例混乱的情况。

三、绘制底图

1．构图布局

（1）用较淡的铅笔在纸上大致勾勒出图纸的边框和主要的构图框架，确定图面的重心和平衡感。

（2）依据场地形状和纸张范围，选择平面图的放置方式。

2．地形绘制

（1）根据地形测绘图，用铅笔描绘出场地的大致地形轮廓，包括山脉、丘陵、河流、湖泊等。

（2）标注出地形的高低起伏和坡度变化。

3．周边环境

（1）在绘制场地周边的建筑物、道路、基础设施等时，要注意周边环境与场地的衔接和过渡。

（2）周边环境的建筑、道路等内容不必十分详细，能够交代清楚场地关系即可。

四、功能分区与布局

1．确定功能区域

根据设计要求和场地特点，应划分出不同的功能区域，如休闲区、活动区、观赏区等。不同的功能区在手绘表现时需要注意区别重点和主次关系。

2．布局安排

在底图上要合理安排各个功能区域的位置，并考虑人流走向、视线关系等因素，使功能分区既相互独立又有机联系。例如，某商业文化中心的功能布局草图如图 2–7 所示。

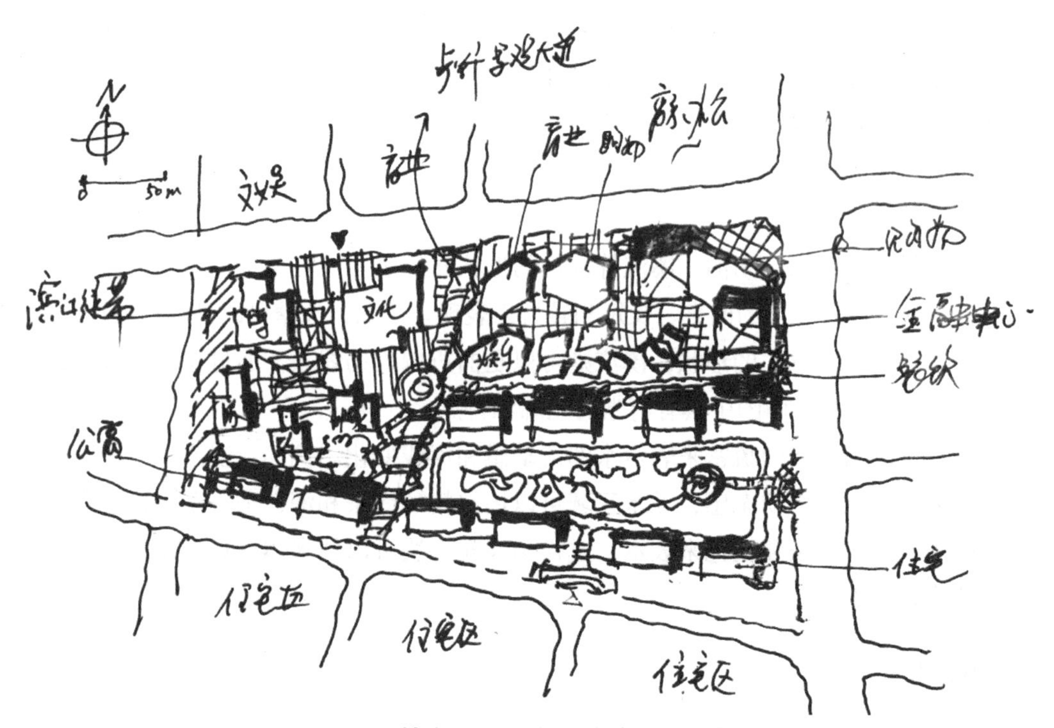

图 2–7　某商业文化中心的功能布局草图

五、绘制景观规划元素

1．地形

地形是景观的基础，它决定了景观的形态和空间布局。在绘制地形时，可以使用等高线或分层的方式来表现不同高度的地形。同时，可以添加一些地形特征，如山坡、山谷、河流等，以增强景观的层次感和立体感。

2．道路系统

道路是景观中连接各个区域的重要元素，它可以引导人们的行动和视线。在绘制道路时，可以使用线条或色块来表现道路的形状和宽度。同时，可以添加一些道路特征，如人行道、车行道、路灯等，以增强景观的实用性和安全性。

（1）用清晰的线条绘制出道路的走向和宽度，包括主次干道、步行道等。

（2）表现出道路的转折、连接和交叉口。

3．建筑

建筑是景观规划中重要的人工元素，它可以为景观提供功能和增加美感。在绘制建筑时，可以使用不同的线条和颜色来表现不同类型的建筑，如住宅建筑与商业建筑就可以用不同的颜色适当加以区分。同时，可以添加一些建筑屋顶特征，以增强总平面图的立体感和真实感。此外，在绘制建筑时，还需要注意建筑的比例和尺度，以保证与景观环境的整体协调性。

4．水体景观

（1）描绘出池塘、湖泊、溪流等水体的形状和轮廓。这需要根据实际的地形条件和设计要求，通过线条的曲直、长短和转折来表现。例如，池塘可以是圆形或椭圆形，湖泊可以是狭长或宽广的形状，溪流则可以是曲折蜿蜒的线条。通过这样的描绘，可以使水体景观在总平面图中具有清晰的轮廓和特点。

（2）可以用线条的疏密来表示水的流动感和深浅变化。例如，溪流可以用细密的线条来表现其流动的动态感，深水区域可以用较粗的线条和深色来表示，而浅水区域则可以用较细的线条和浅色来表示。这样的表现手法可以使水体景观在总平面图中更具生动感和立体感。

5．绿化种植

植物是景观中最重要的元素之一，它可以为景观提供微型生态环境。在绘制植物

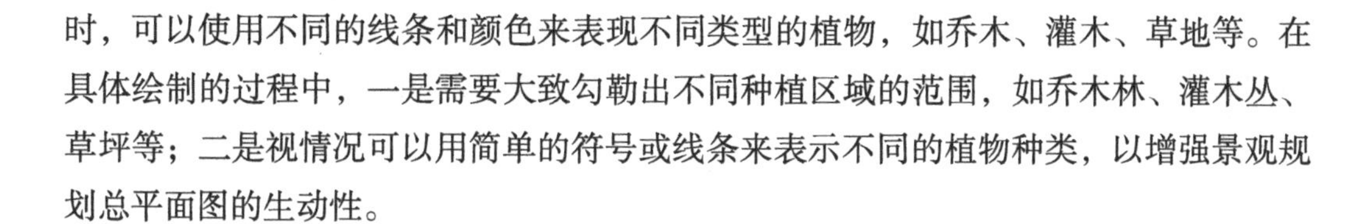
时，可以使用不同的线条和颜色来表现不同类型的植物，如乔木、灌木、草地等。在具体绘制的过程中，一是需要大致勾勒出不同种植区域的范围，如乔木林、灌木丛、草坪等；二是视情况可以用简单的符号或线条来表示不同的植物种类，以增强景观规划总平面图的生动性。

6. 景观小品

小品是景观中点缀和装饰的元素，它可以为景观提供趣味性和文化性。在绘制小品时，可以使用不同的线条和颜色来表现不同类型的小品，以增强景观的艺术性和独特性，如雕塑、座椅、亭子等。同时，需要注意景观小品的比例和细节。

六、标注与说明

1. 尺寸标注

详细的总平面图还可以标注出重要景观元素的尺寸，如道路宽度、广场面积等，以确保设计的准确性。

2. 名称标注

对各个功能区域的名称进行标注，说明其主要功能。

3. 材料标注

对主要的铺装材料、建筑材料、植物品种等进行标注。

4. 文字说明

在图的适当位置添加文字说明，以解释设计意图、特色等。

七、绘制阴影与立体效果

1. 确定光源方向

基于总平面图的设计意图、设想的光照情况，确定光源的方向。

2. 绘制阴影

根据光源方向，用铅笔或马克笔绘制出景观与规划元素的阴影，尤其是对不同长度与宽度的建筑与树木阴影的刻画，能增强总平面图的立体感和真实感。在绘制阴影的过程中，还需要注意阴影的形状和浓淡变化，以反映物体的体积和材质。

八、上色

在手绘景观与规划总平面图过程中，色彩选择和上色技巧是非常重要的环节。色彩选择需要根据设计风格和想要营造的氛围来确定。

某办公区公共区的景观设计总平面如图 2-8 所示。

在上色技巧方面，可以先从大面积的色彩开始涂起，如草地、水面等。这样可以让整个画面有一个大致的色调，也有助于后续细节的描绘。在选择马克笔上色时，需要注意色彩的渐变和过渡，使画面更加自然。例如，在水面的颜色处理上，可以逐渐过渡到岸边的颜色，让人感觉到水与岸的融合。

街头绿地的总平面如图 2-9 所示。

对于细节部分，可以使用较细的马克笔或彩色铅笔进行描绘。在描绘树木时，可以先用深绿色涂树的基本底色，再用较重的色彩（一般以绿色居多）涂背光部，这样可以让树木看起来更加立体。在描绘建筑时，建筑的平面形体可以先留白，再用深色调涂出建筑的阴影部分，这样可以让建筑更加有层次感。

九、检查与完善

（1）整体检查：检查图面的完整性、准确性和美观性。

（2）细节修正：修正可能存在的线条不流畅、色彩不均匀等问题。

（3）最终调整：根据整体效果进行最后的微调，使手绘景观与规划总平面图达到最佳状态。

手绘景观与规划总平面图的生成是一个需要耐心和技巧的过程。通过以上详细的步骤，设计师可以将自己的设计理念和创意以直观的方式展现出来，为后续的设计深化和项目实施提供重要的参考依据。在实际操作中，设计师还需要不断地积累经验，提高手绘能力和审美水平，以创作出更加优秀的作品。

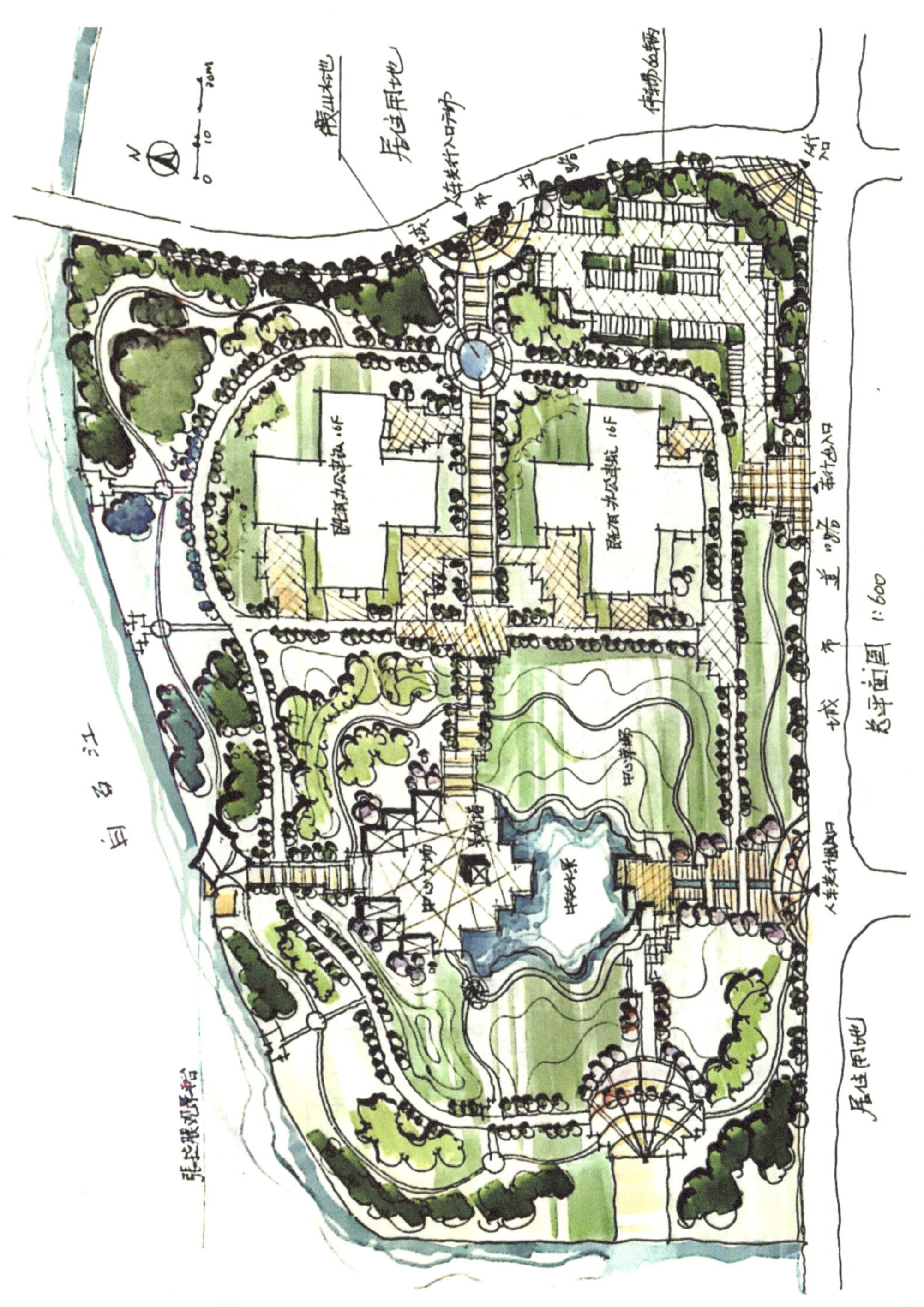

图 2-8 某办公区公共区的景观设计总平面

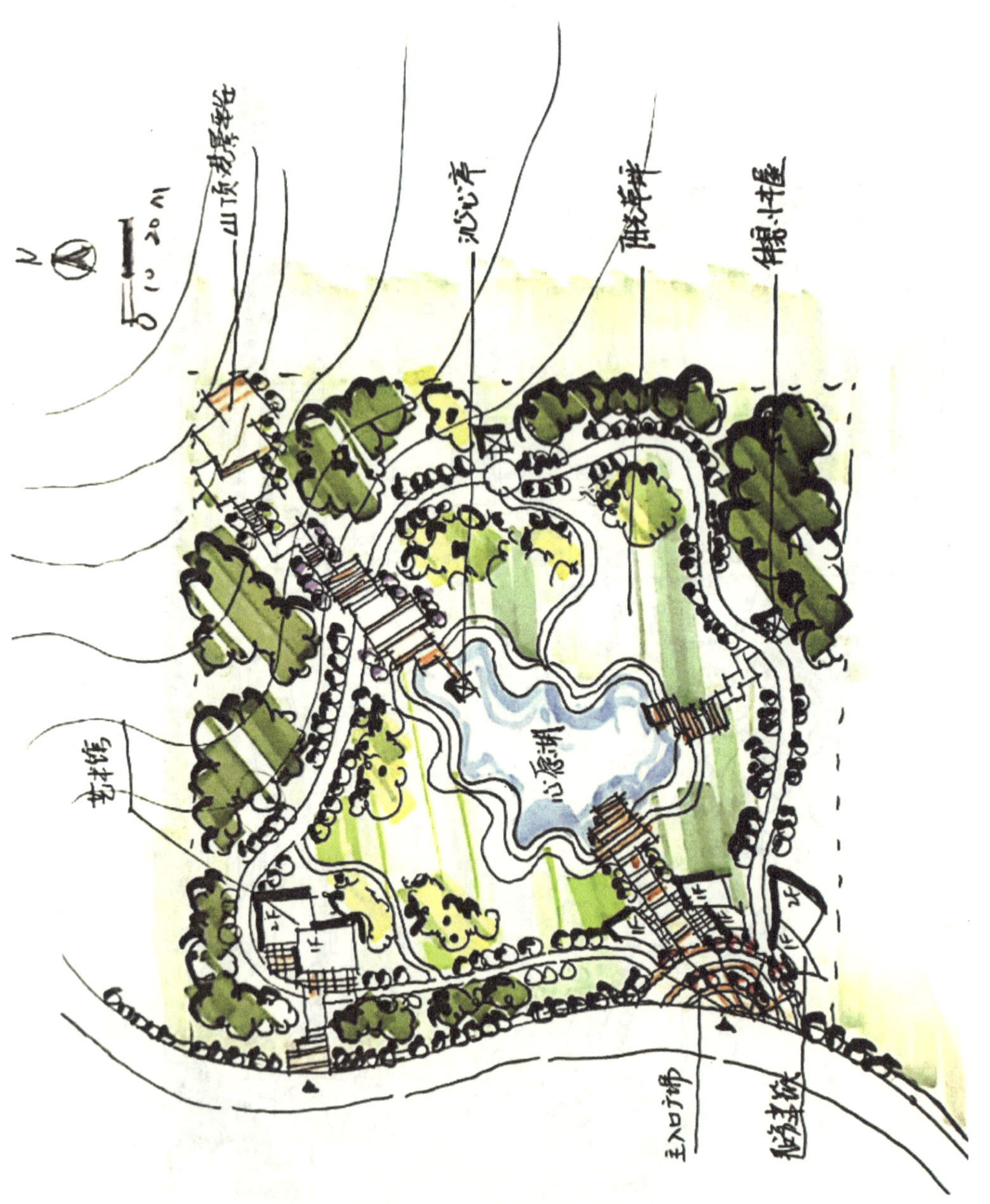

图 2-9　街头绿地的总平面

第四节　规划总平面图的生成步骤解析

案例：北方某小城镇老年居住社区规划设计

一、设计条件

设计地段位于北方某小城镇镇区，规划用地面积为 76000 m^2，其中包括：
（1）老年居住社区用地 53000 m^2（A 区 14000 m^2，B 区 39000 m^2）。
（2）镇区中心公园 16000 m^2（含休闲广场 1500 m^2，老年活动中心建筑 2000 m^2）。
（3）带状公园绿地 5000 m^2，具有一定的（供热中心）防护隔离功能。
（4）社区商业服务设施 2000 m^2（建筑面积 2400 m^2）。

二、设计内容与要求

（1）老年社区的住宅总建筑面积约为 50000 m^2，其中，A 区为老年公寓用地（5 层带电梯建筑及相应的管理与公共活动空间，建筑面积分别为 12000 m^2 和 15000 m^2），B 区为 1 层至 4 层的老年住宅（各类型比例自定）。社区内部交通应采用人、车完全分离的道路系统，社区外环境应达到无障碍设计标准。

（2）带状公园绿地及社区服务设施以服务老年人为主，均应满足无障碍设计要求。

（3）镇区中心公园在保证老年活动中心及部分场地合理安排的前提下，应满足城镇其他居民的日常使用要求，包括 1500 m^2 的休闲广场。

三、成果要求

（1）总平面图（比例为 1∶1000）。
（2）规划分析图（包括交通、活动、景观等）。
（3）透视图（不小于 A3 图幅）。
（4）主要技术指标及设计说明（200 字左右）。
（5）图纸要求：2 张 A2 图纸；表现方式自定。

四、手绘总平面设计成果的过程展示

手绘总平面设计成果的过程展示步骤如图 2-10 至图 2-17 所示。

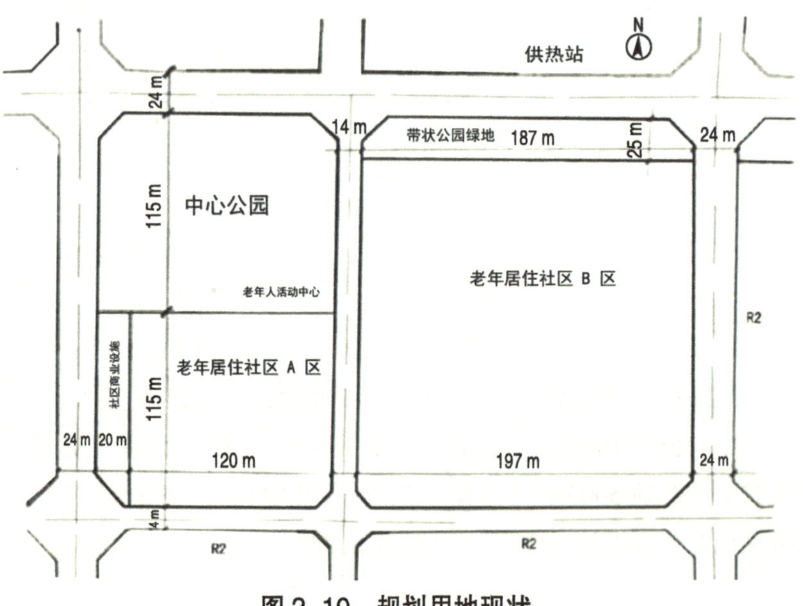

图 2-10 规划用地现状

（1）步骤一：根据设计题目和任务书的要求，在精准分析相关设计指标和用地条件的基础上，用铅笔勾勒规划分区（图 2-10）和建筑布局气泡图（图 2-11）。这个阶段不需要对建筑的平面形体有过多的考虑，只需要大致确定建筑位置，计算建筑的布局数量即可。此外，还需要把道路的初步设想情况勾勒出来，在用地范围内建立起规划的基本框架结构。

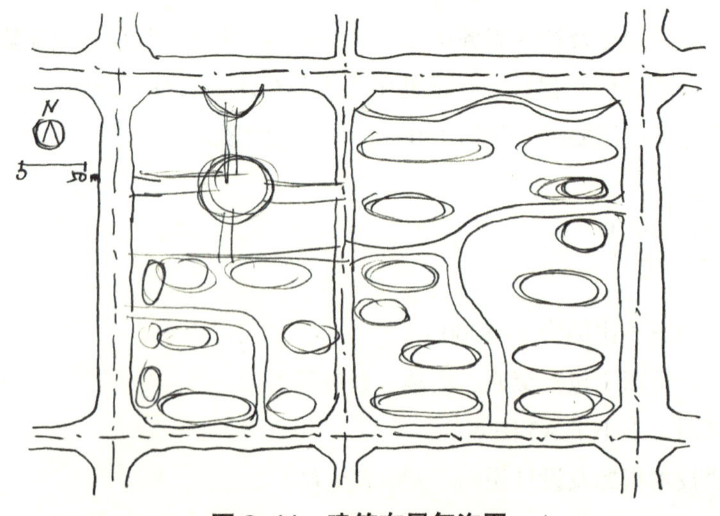

图 2-11 建筑布局气泡图

（2）步骤二：根据设计任务书初步拟定设计方案，可在草图纸上先进行方案思路的勾画，然后按照一定的比例关系，用铅笔在图纸上画出总平面图的设计轮廓（图2-12）。这里需要确定总平面图的主次入口关系、路网、规划轴线，以进一步形成稳定的空间结构关系。

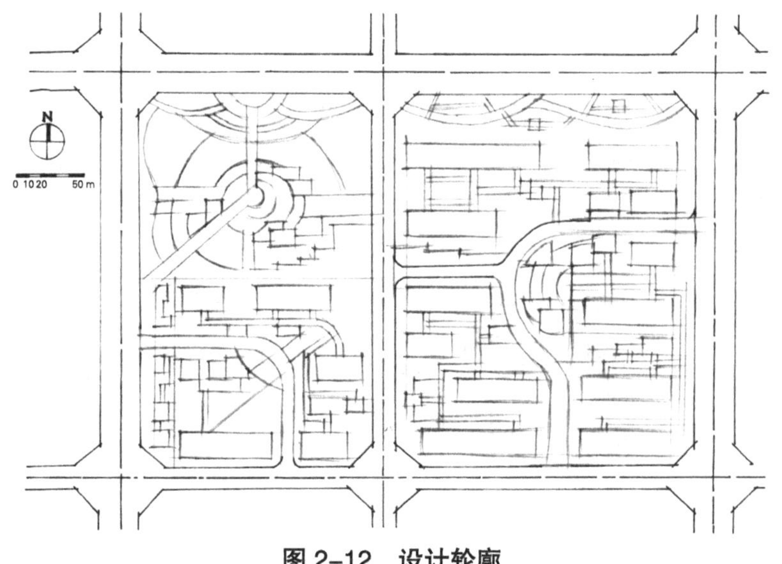

图 2-12　设计轮廓

（3）步骤三：铅笔稿深化（图 2-13）。在整体结构轮廓确定的情况下，可以对建筑形态、道路、铺装、植物等细节进行深化。此步骤只需要确定规划图中各组成要素的大致细节，但是需要注意比例关系。

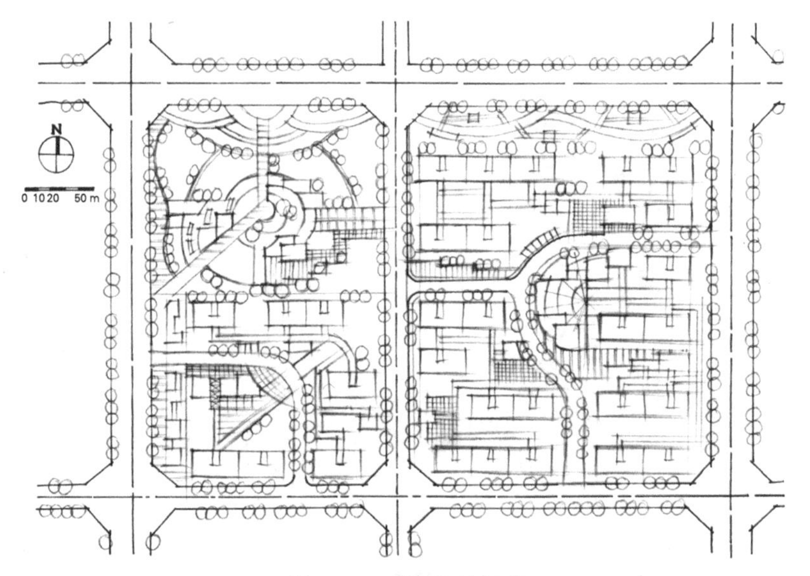

图 2-13　铅笔稿深化

（4）步骤四：墨线刻画（图 2–14）。墨线的刻画要遵循从宏观到微观、从整体到局部的原则。首先表现道路、建筑等重点内容，然后对植物景观细节进行深化。这里值得注意的是，总平面图的绘制线型一般有三种：粗、中、细。通常建筑轮廓线较粗，道路、水体及铺装分割线稍粗居中，植物和铺装用细线刻画即可。

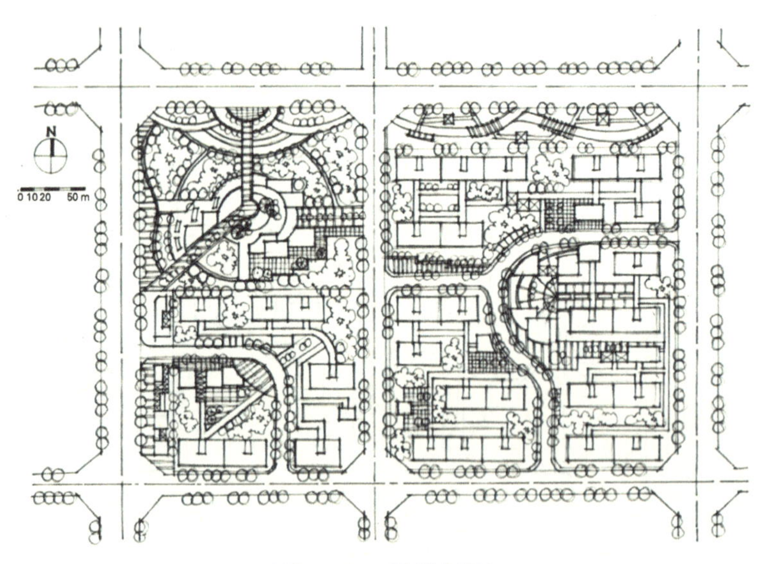

图 2–14　墨线刻画

（5）步骤五：马克笔初步上色（图 2–15）。用浅色马克笔先确定总平面图的基本色调关系，可从草地、铺装等材质入手，确定基本色彩关系。马克笔的笔触多以平涂为主，适当留白。需要注意的是，这个阶段的建筑、道路、树木等需要留白。

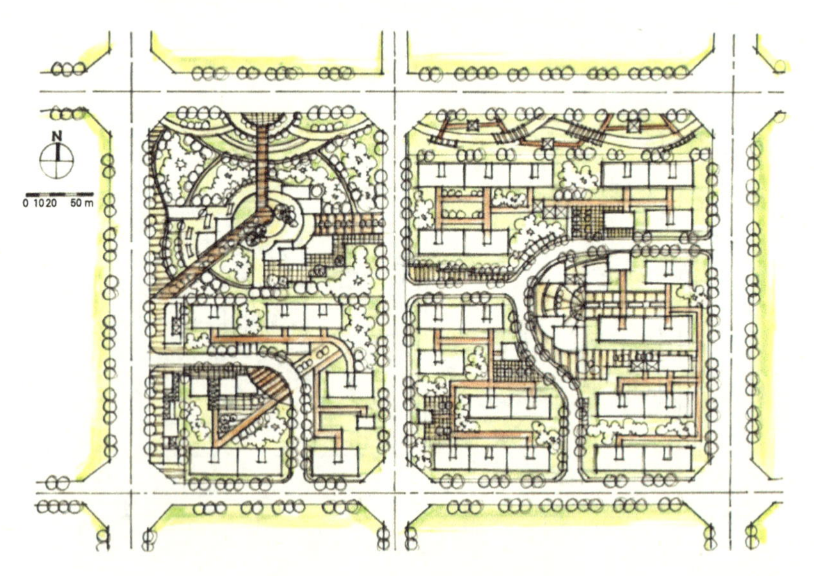

图 2–15　马克笔初步上色

（6）步骤六：马克笔深入上色（图 2-16）。这个阶段需要对草地、铺装等进行深入刻画，体现层次关系。植物色彩不宜过多、颜色不宜过亮，要体现总平面图的整体性，但是景观中心节点的植物可以适当添加暖色，以突出重点。

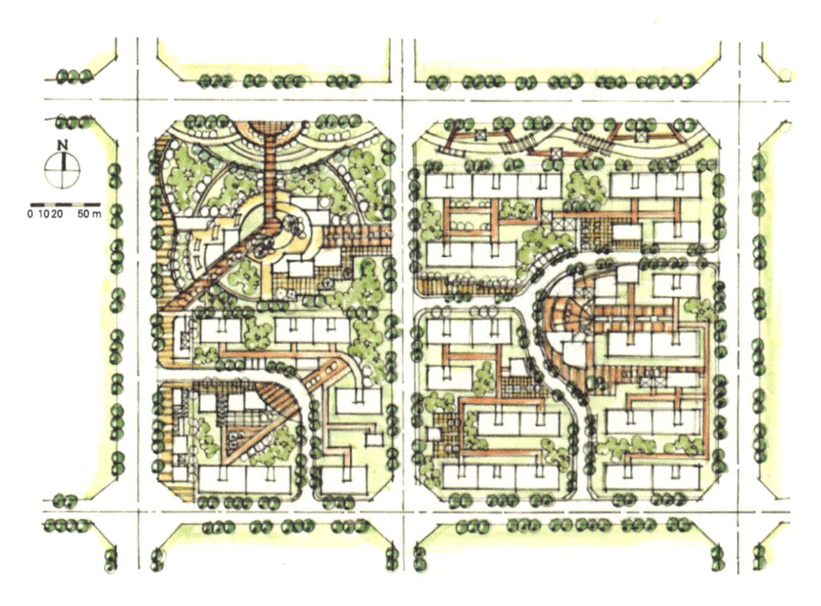

图 2-16 马克笔深入上色

（7）步骤七：投影与细节刻画（图 2-17）。图面的整体上色完成后，需要添加总平面图的投影，投影一般以西北方向为主，投影长度随建筑高度而变化。整个总平面图上色完成后，还需要完善主次入口、指北针、比例尺等细节的刻画。

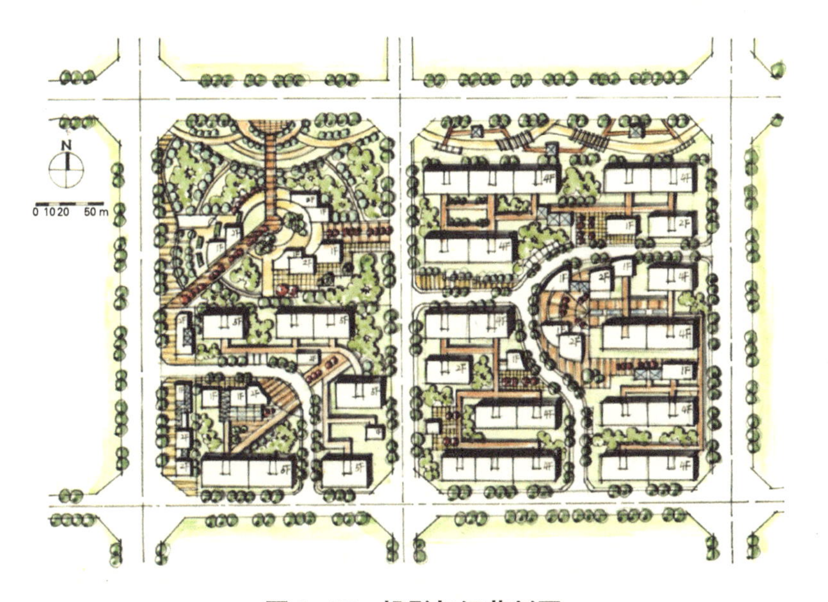

图 2-17 投影与细节刻画

第五节　总平面图的手绘示例参考

一、案例：某文化旅游度假村的规划设计

某文化旅游度假村的规划总平面设计手绘步骤，如图 2-18 至图 2-24 所示。

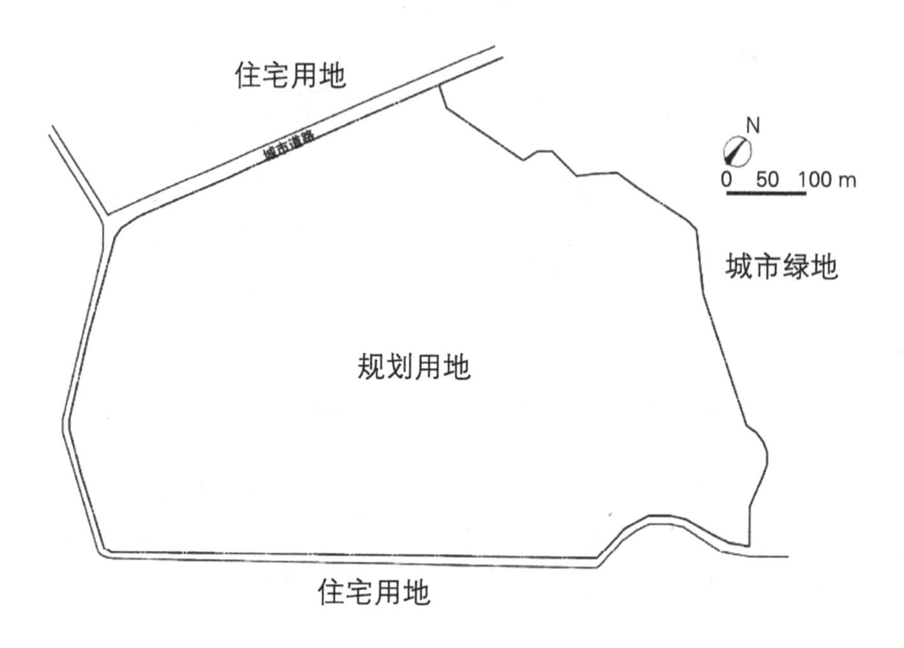

图 2-18　规划用地现状

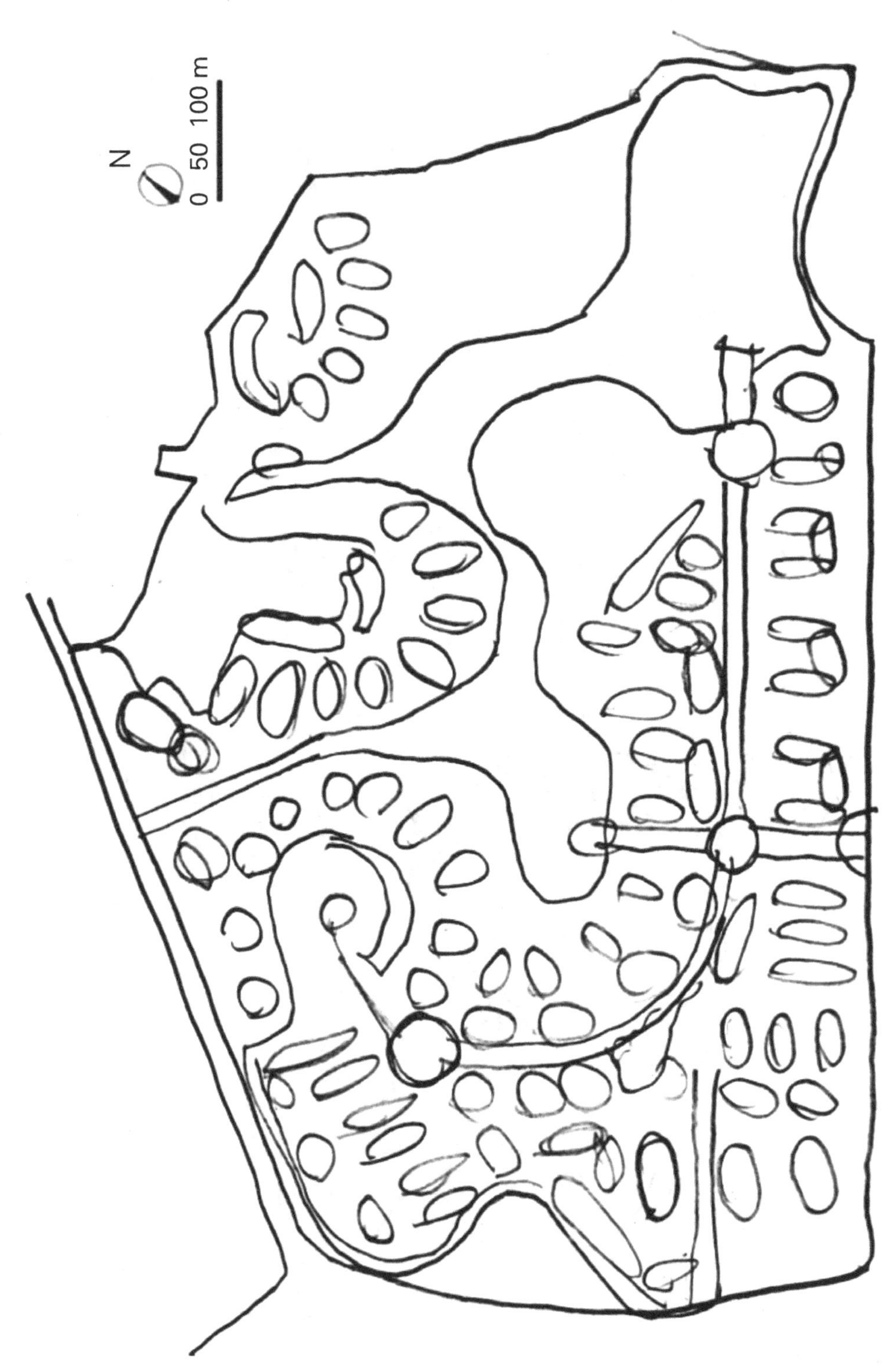

图 2-19 第一步：规划思路铅笔草图

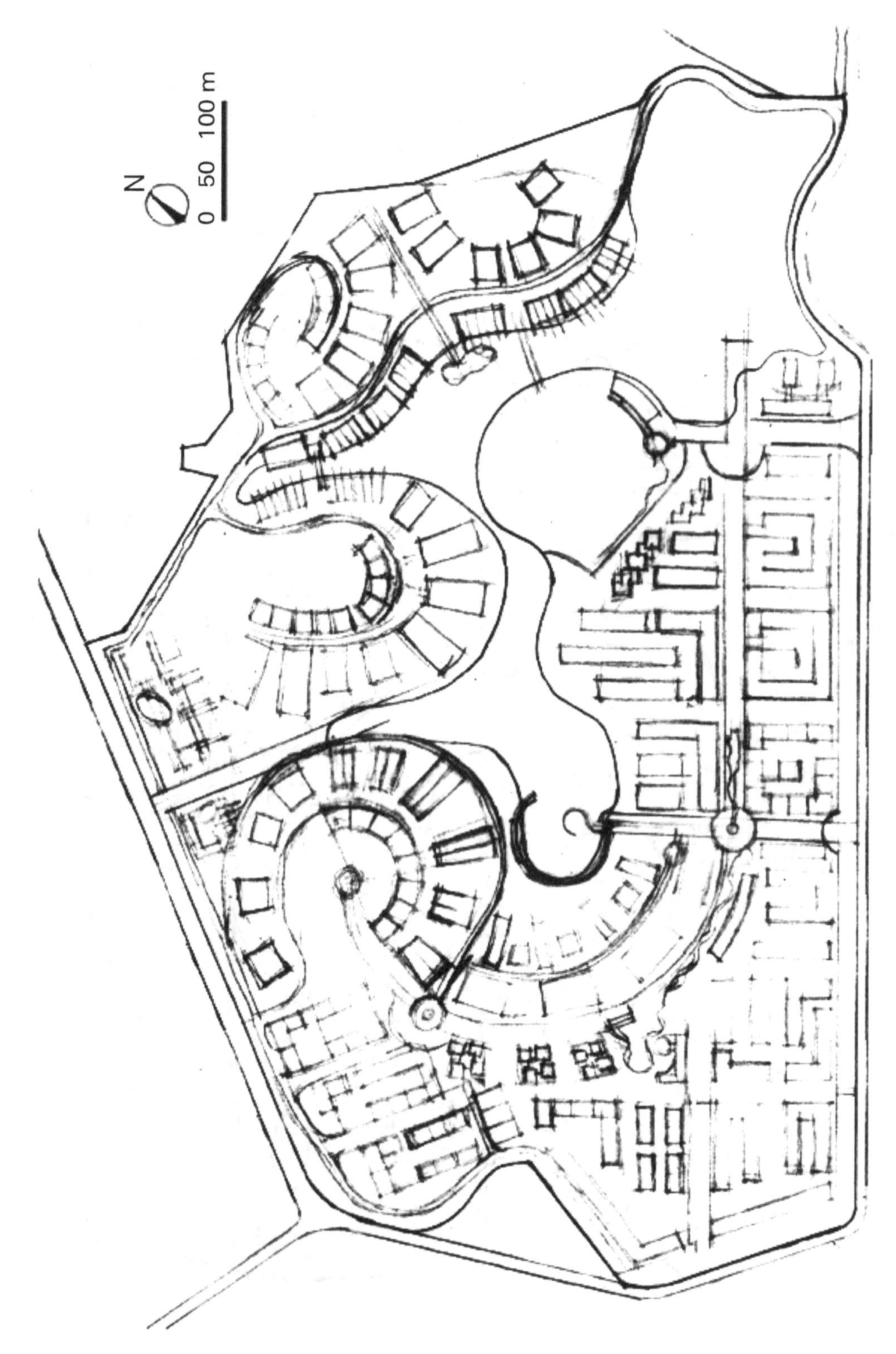

图 2–20 第二步：运用铅笔完善规划方案草图

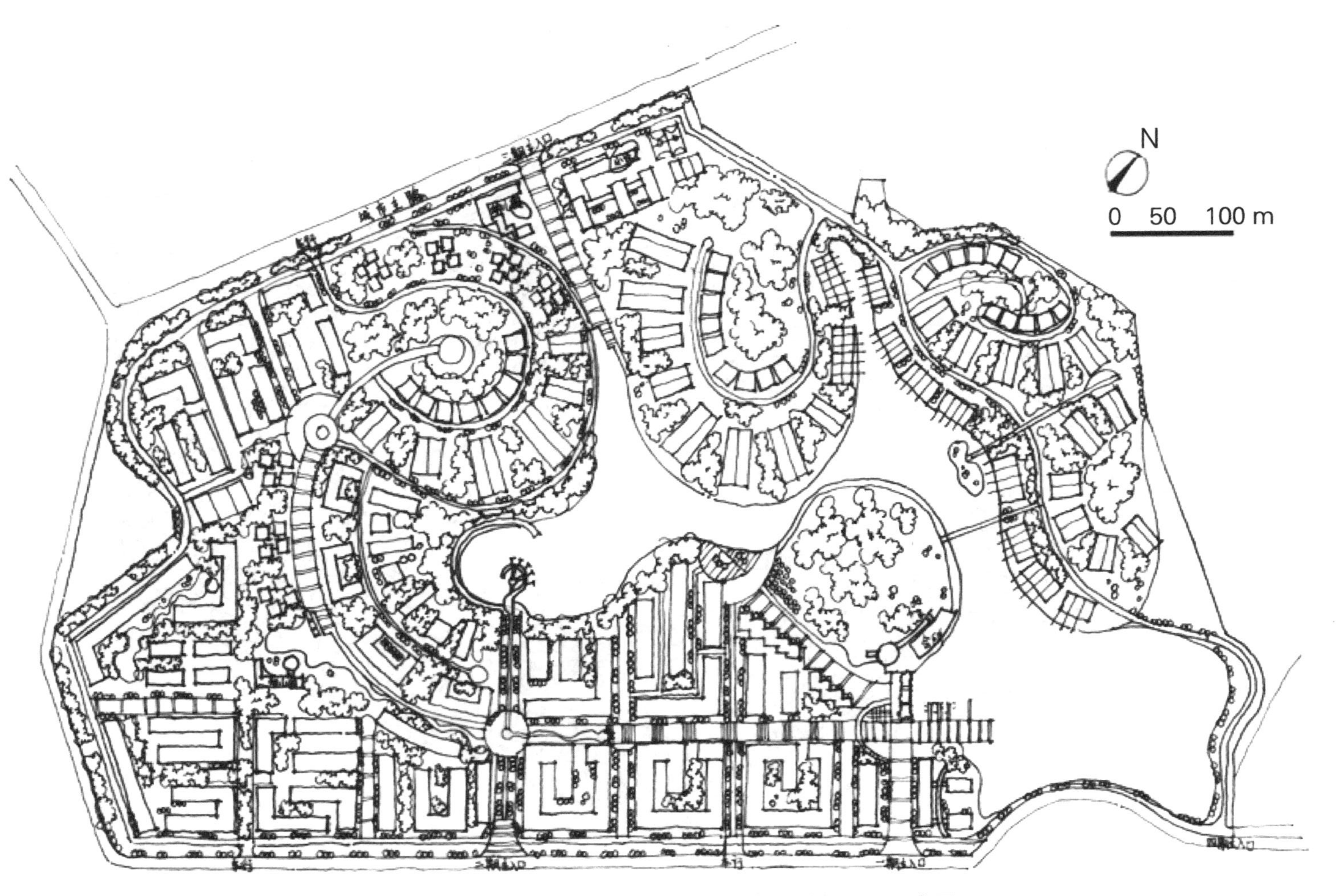

图 2–21 第三步：运用针管笔完成规划总平面图布局

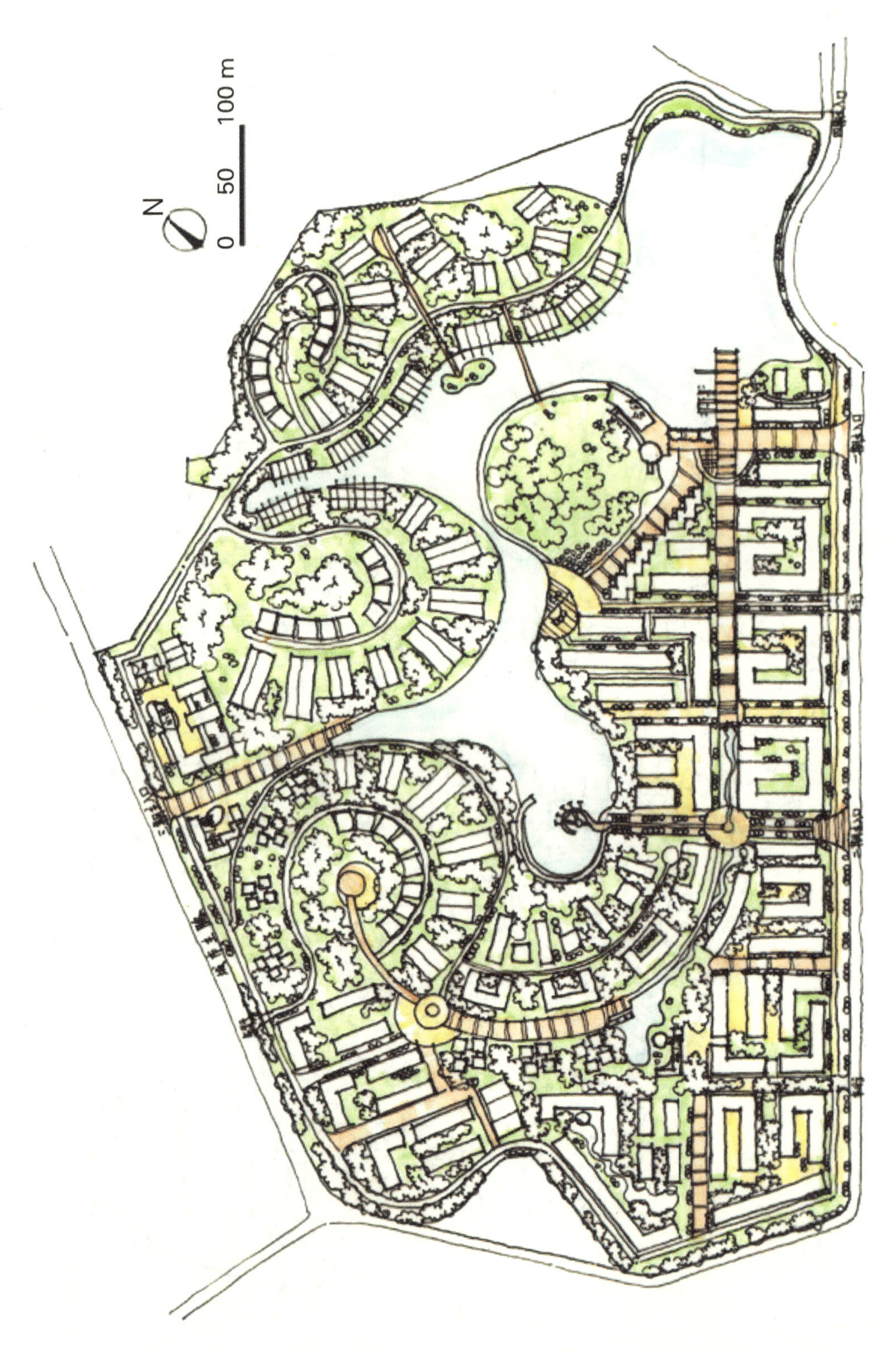

图 2-22　第四步：运用马克笔对总平面图进行初步上色

图 2-23 第五步：运用马克笔对总平面图色彩进行深入刻画

图 2-24　第六步：添加投影与完善细节

二、案例：南方某居住小区的规划设计

南方某居住小区的规划总平面设计手绘步骤，如图 2-25 至图 2-31 所示。

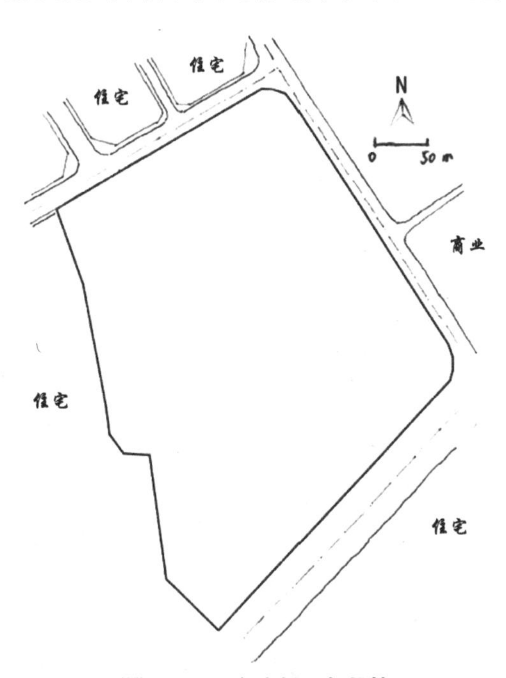

图 2-25　规划用地现状

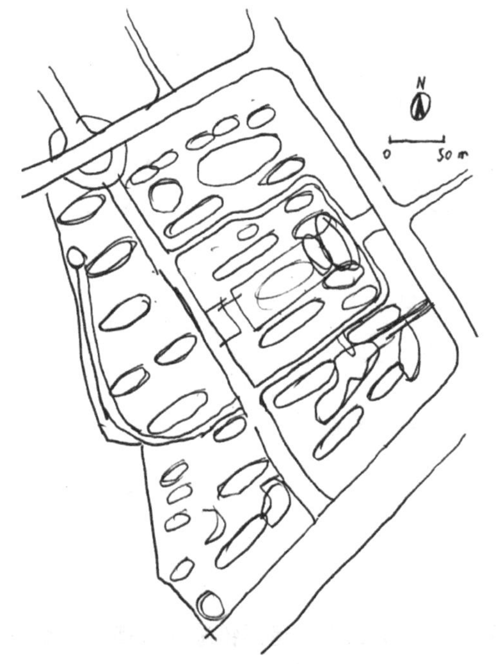

图 2-26　第一步：规划思路铅笔草图

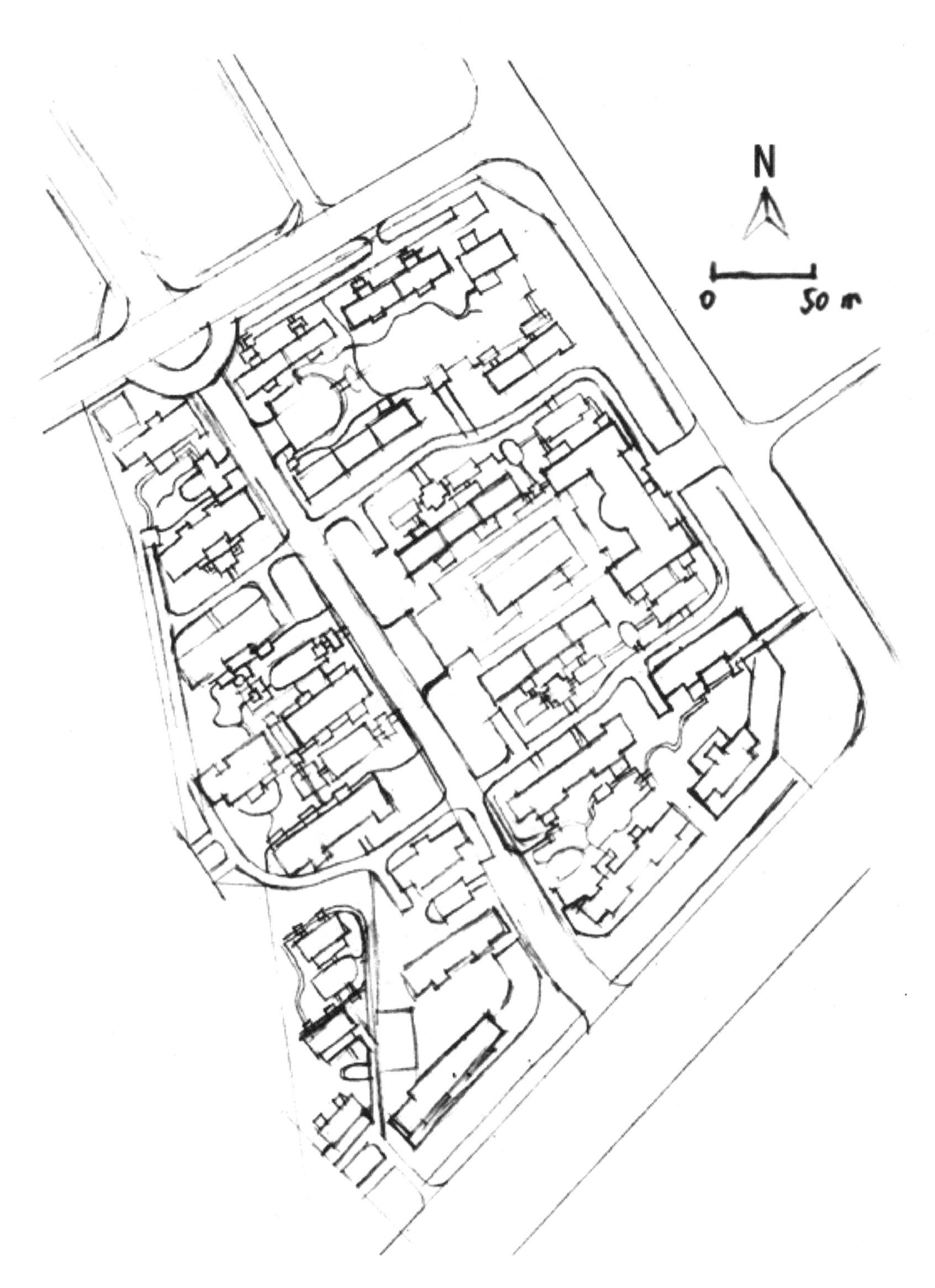

图 2-27　第二步：运用铅笔完善规划方案草图

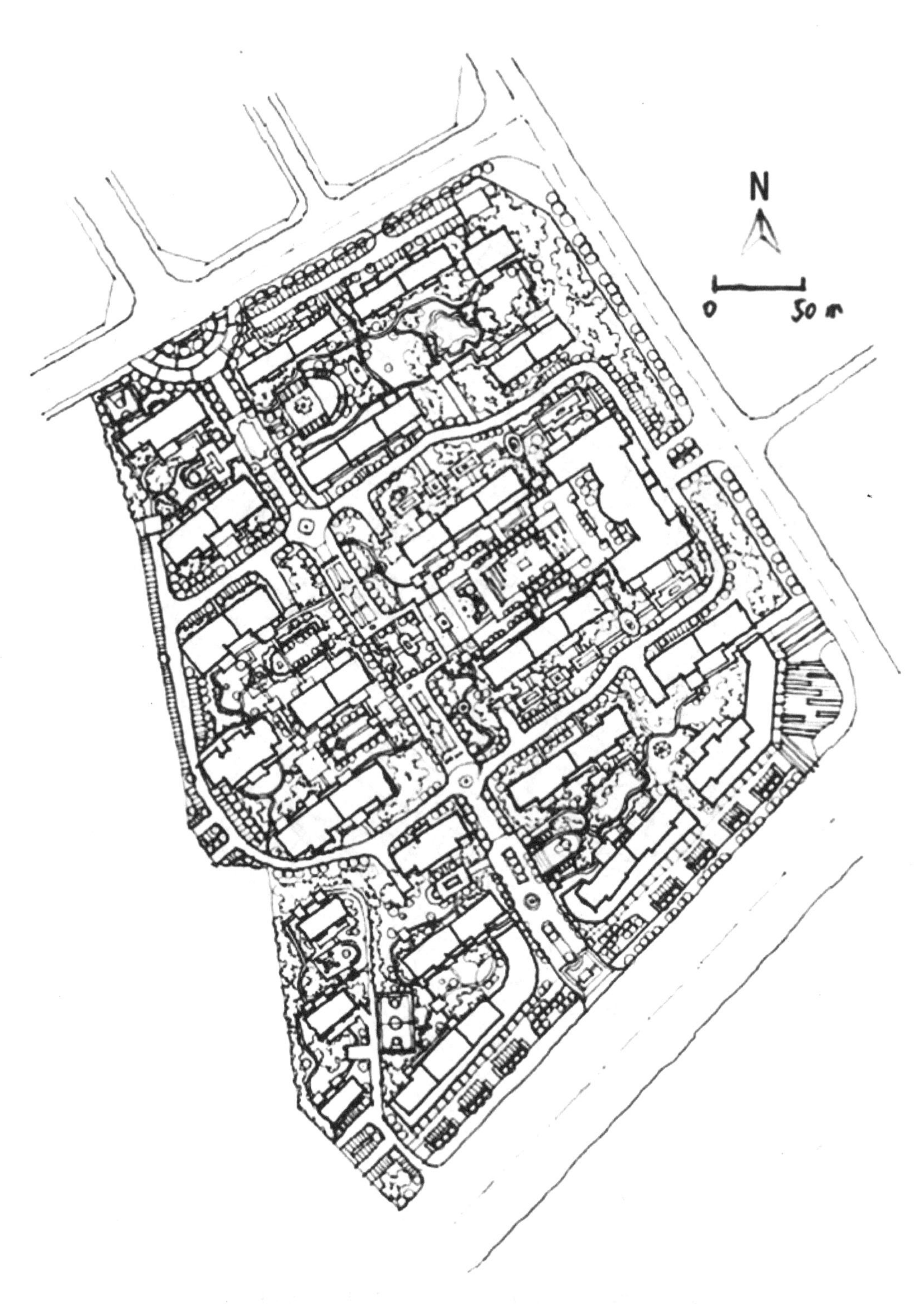

图 2-28　第三步：运用针管笔完成规划总平面图布局

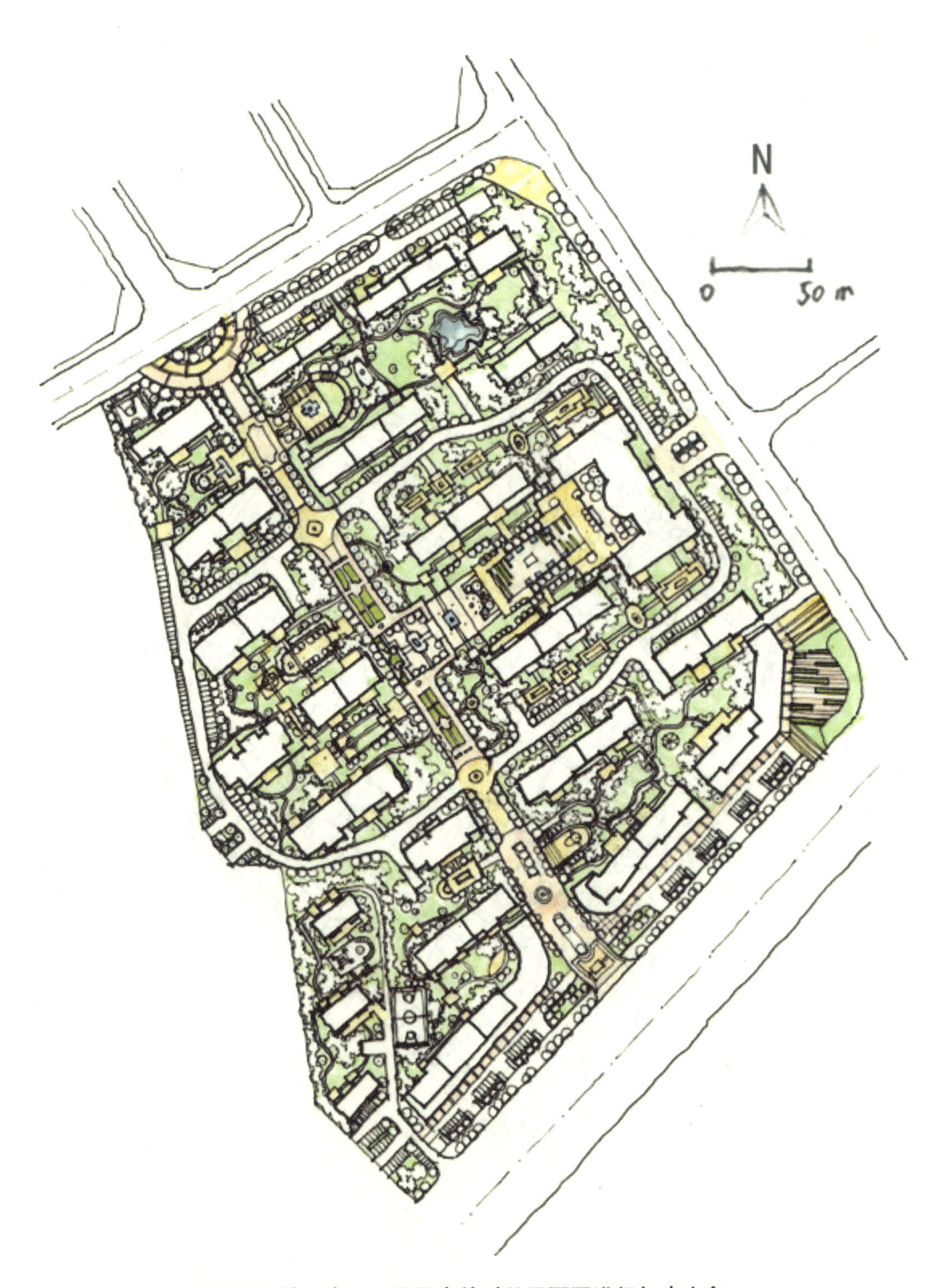

图 2-29　第四步：运用马克笔对总平面图进行初步上色

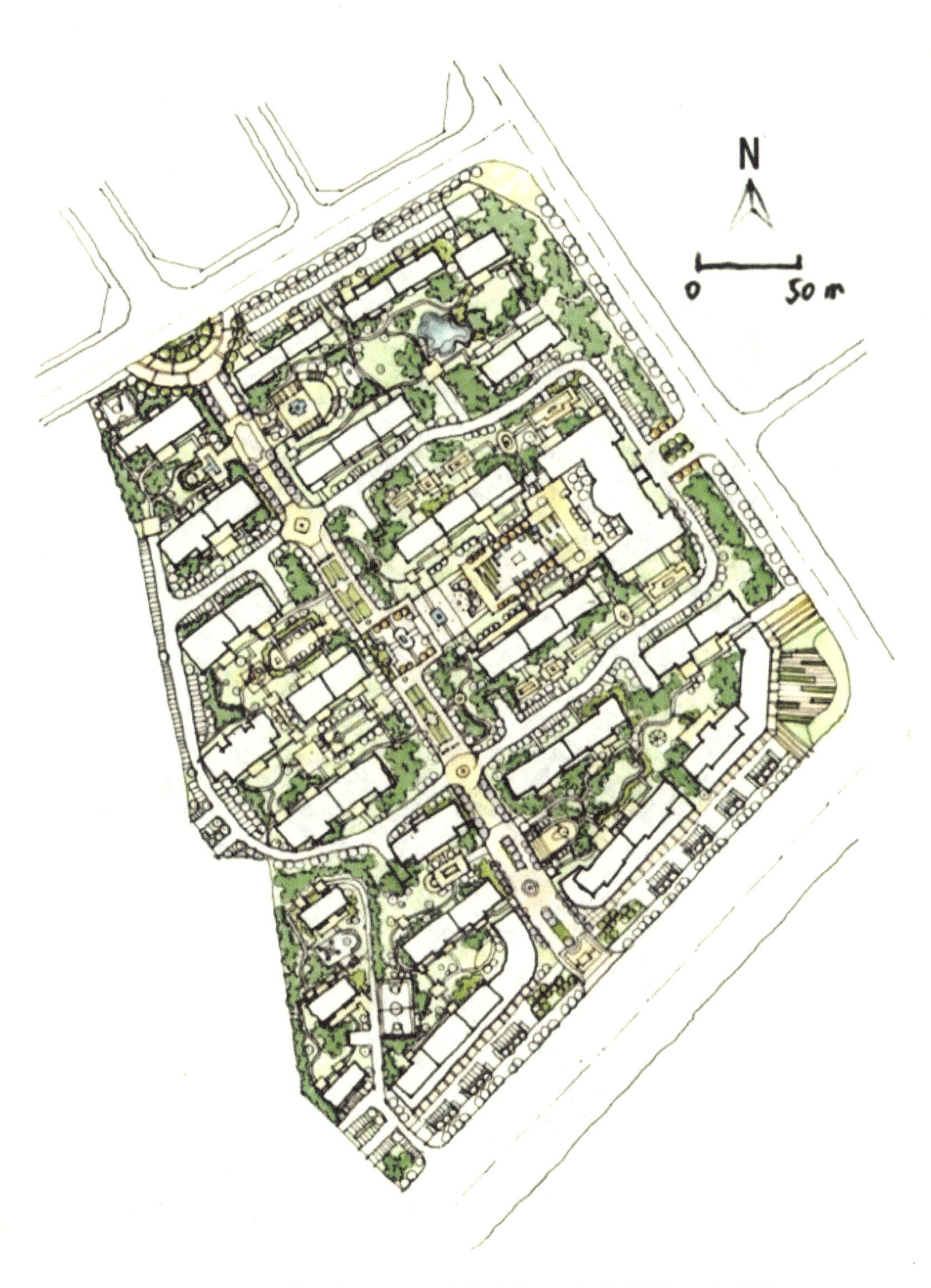

图 2-30　第五步：运用马克笔对总平面图色彩进行深入刻画

图 2-31　第六步：添加投影与完善细节

三、案例：某文化旅游度假村的规划设计

某文化旅游度假村的规划总平面设计手绘步骤，如图 2-32 至图 2-38 所示。

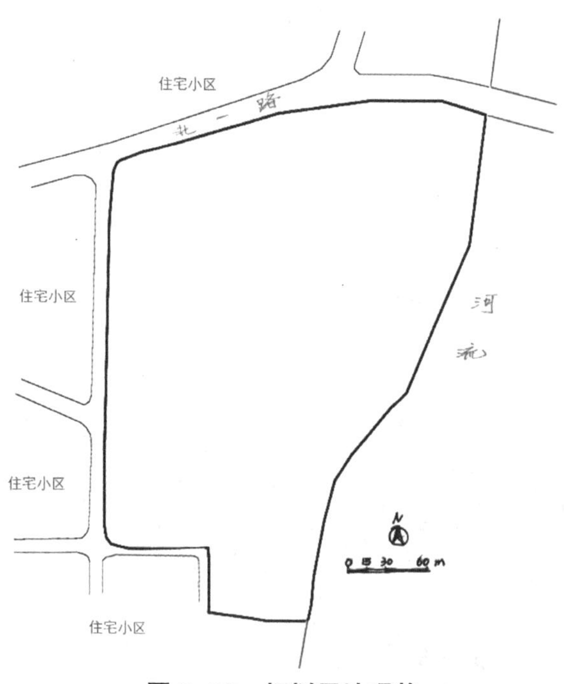

图 2-32 规划用地现状

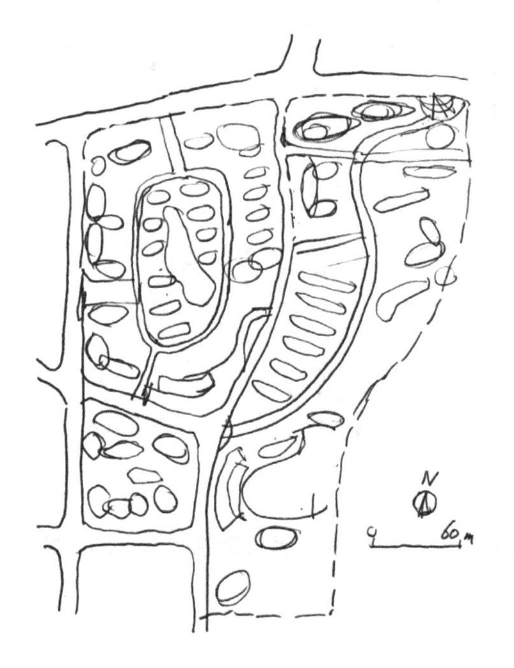

图 2-33 第一步：规划思路铅笔草图

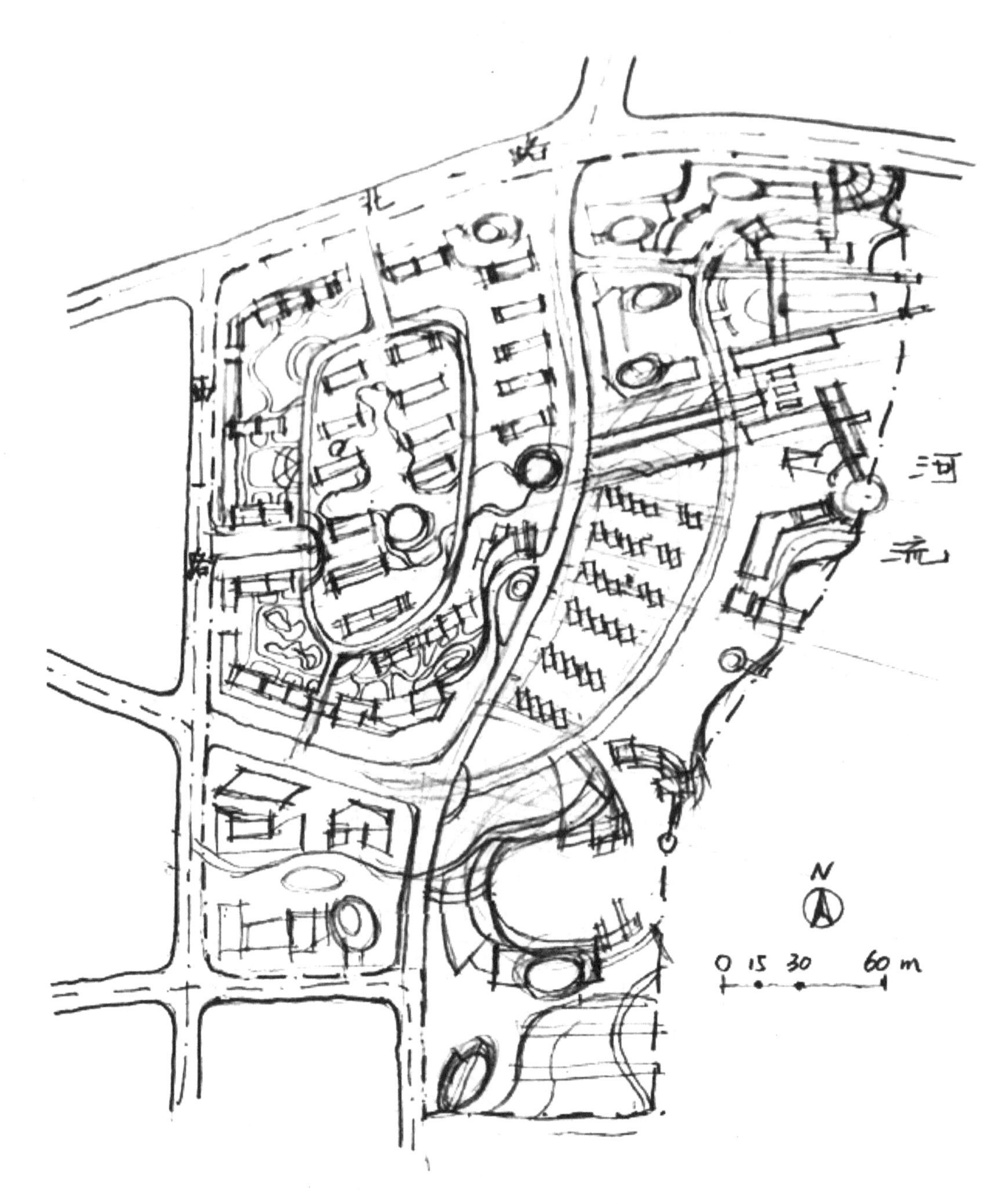

图 2-34 第二步：运用铅笔完善规划方案草图

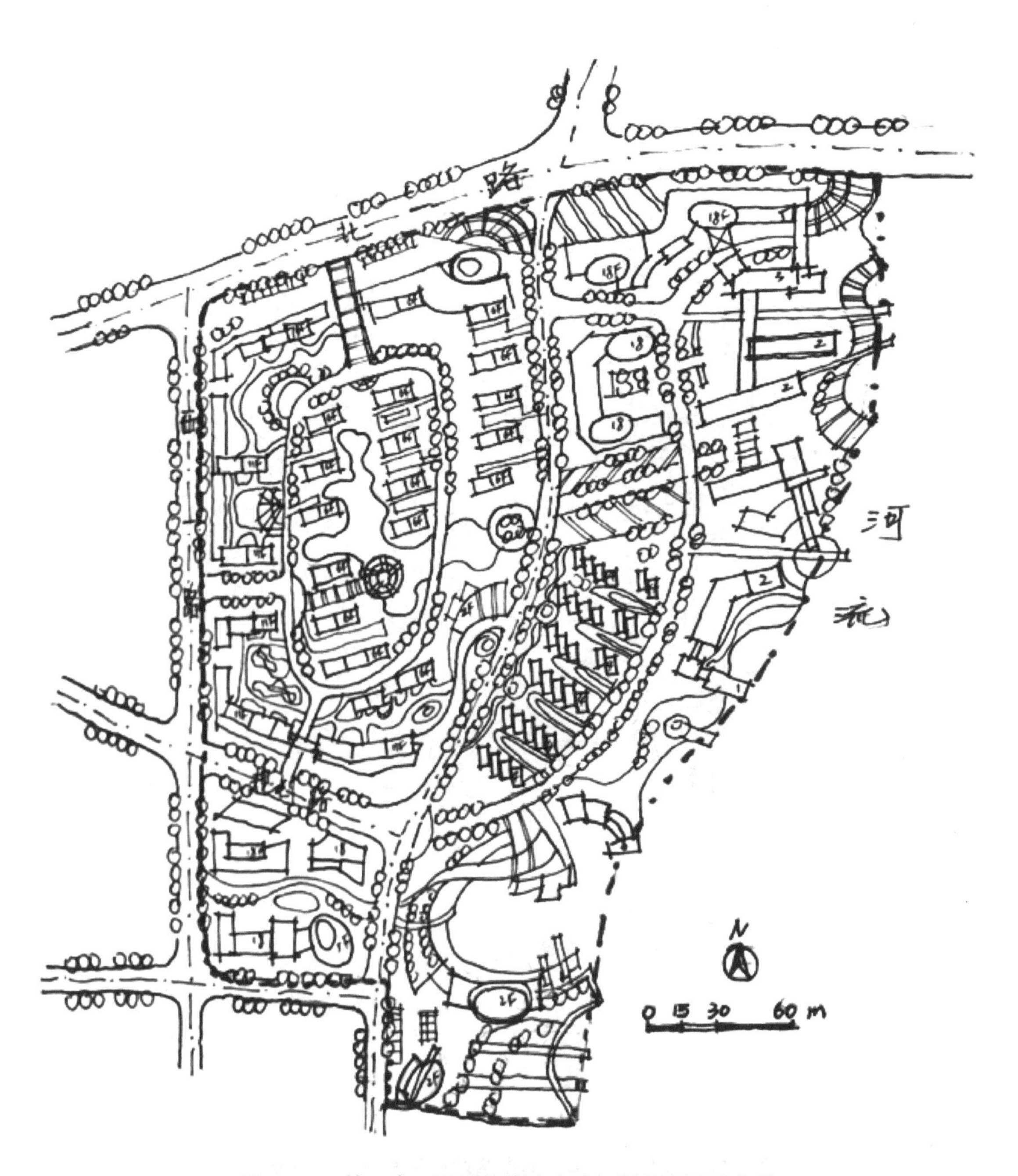

图 2–35　第三步：运用针管笔完成规划总平面图布局

图 2-36 第四步：运用马克笔对总平面图进行初步上色

图 2-37 第五步：运用马克笔对总平面图色彩进行深入刻画

图 2-38　第六步：添加投影与完善细节

四、案例：某职业技术学院的规划设计

某职业技术学院的规划总平面设计手绘步骤，如图 2–39 至图 2–45 所示。

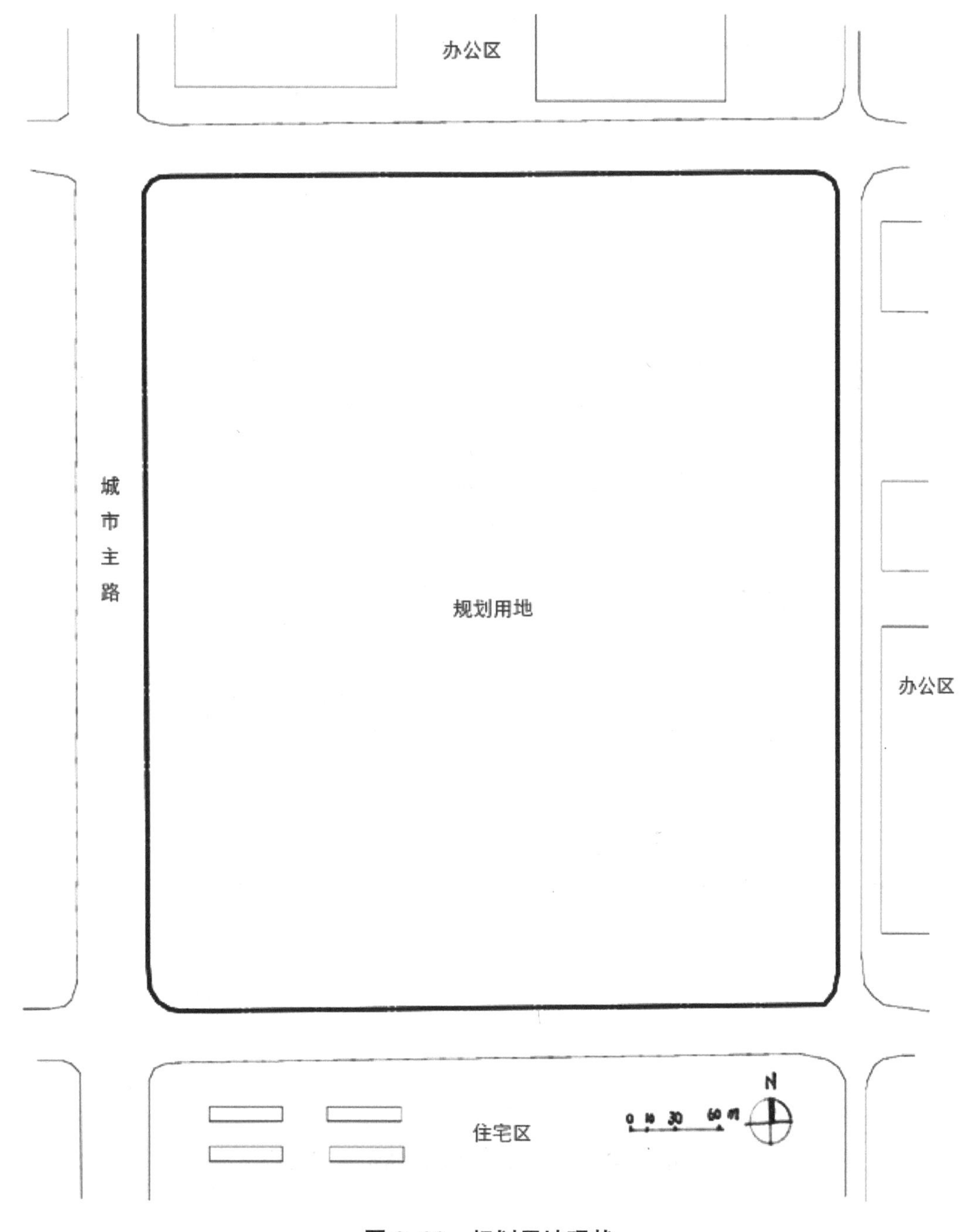

图 2–39　规划用地现状

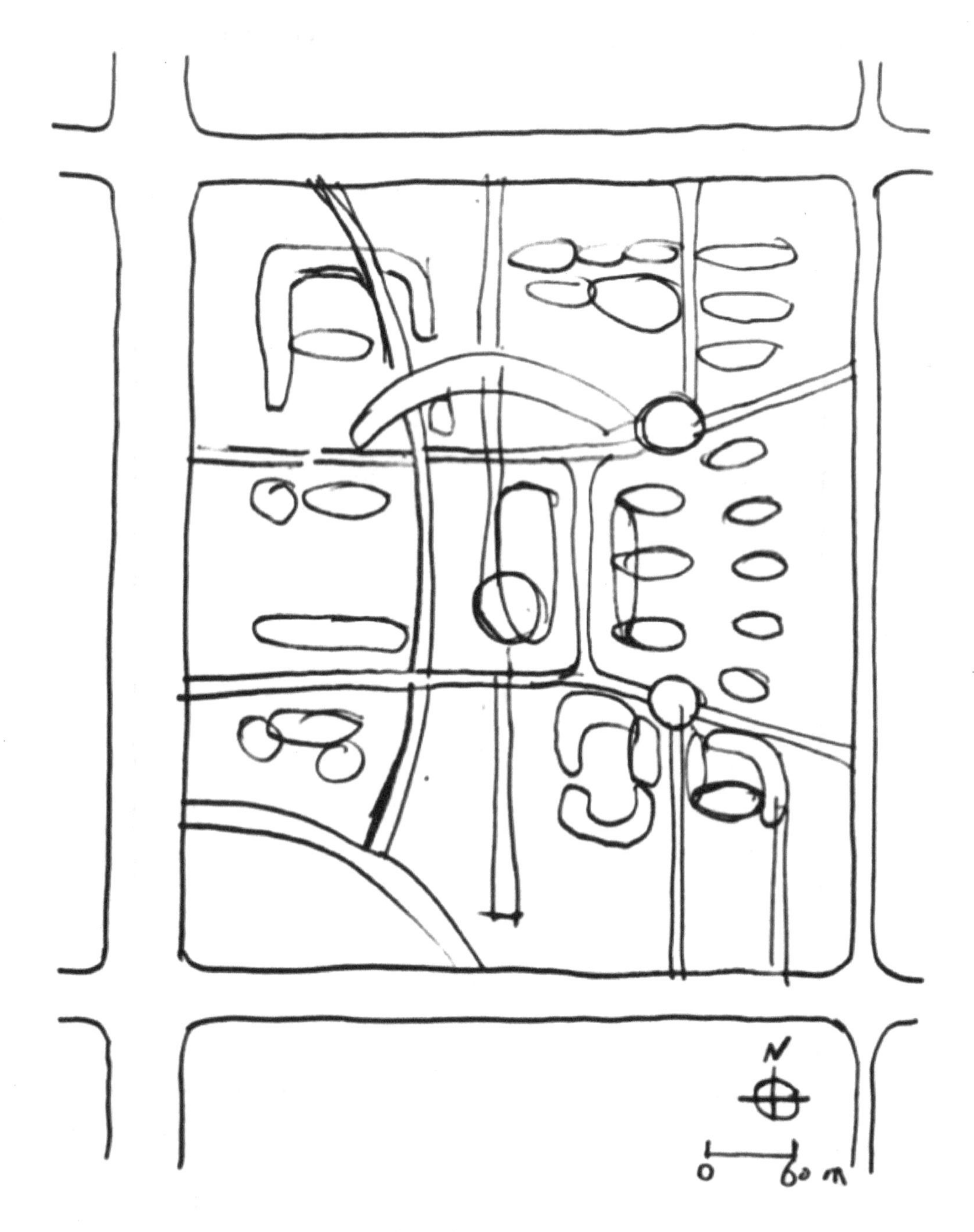

图 2-40　第一步：规划思路铅笔草图

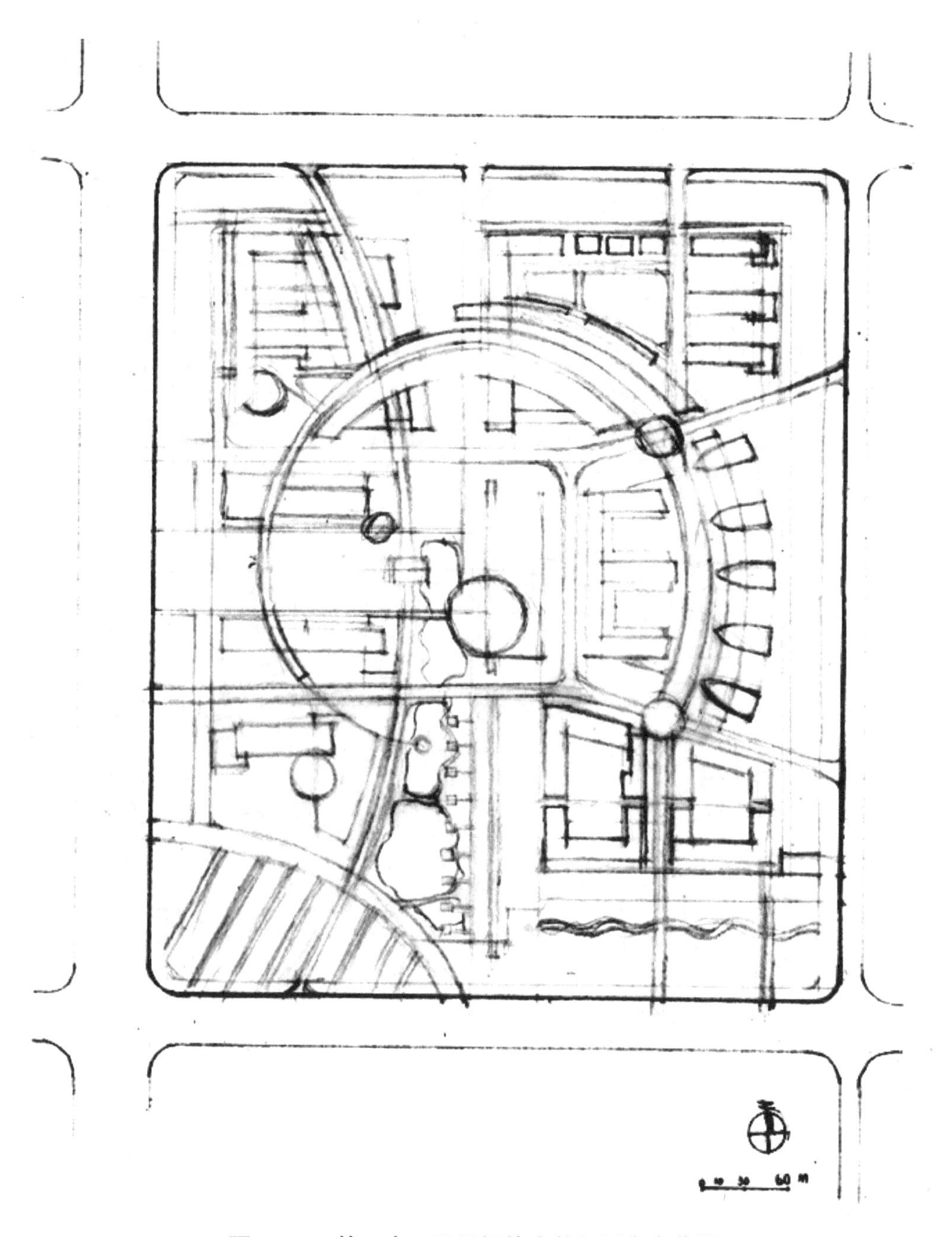

图 2-41　第二步：运用铅笔完善规划方案草图

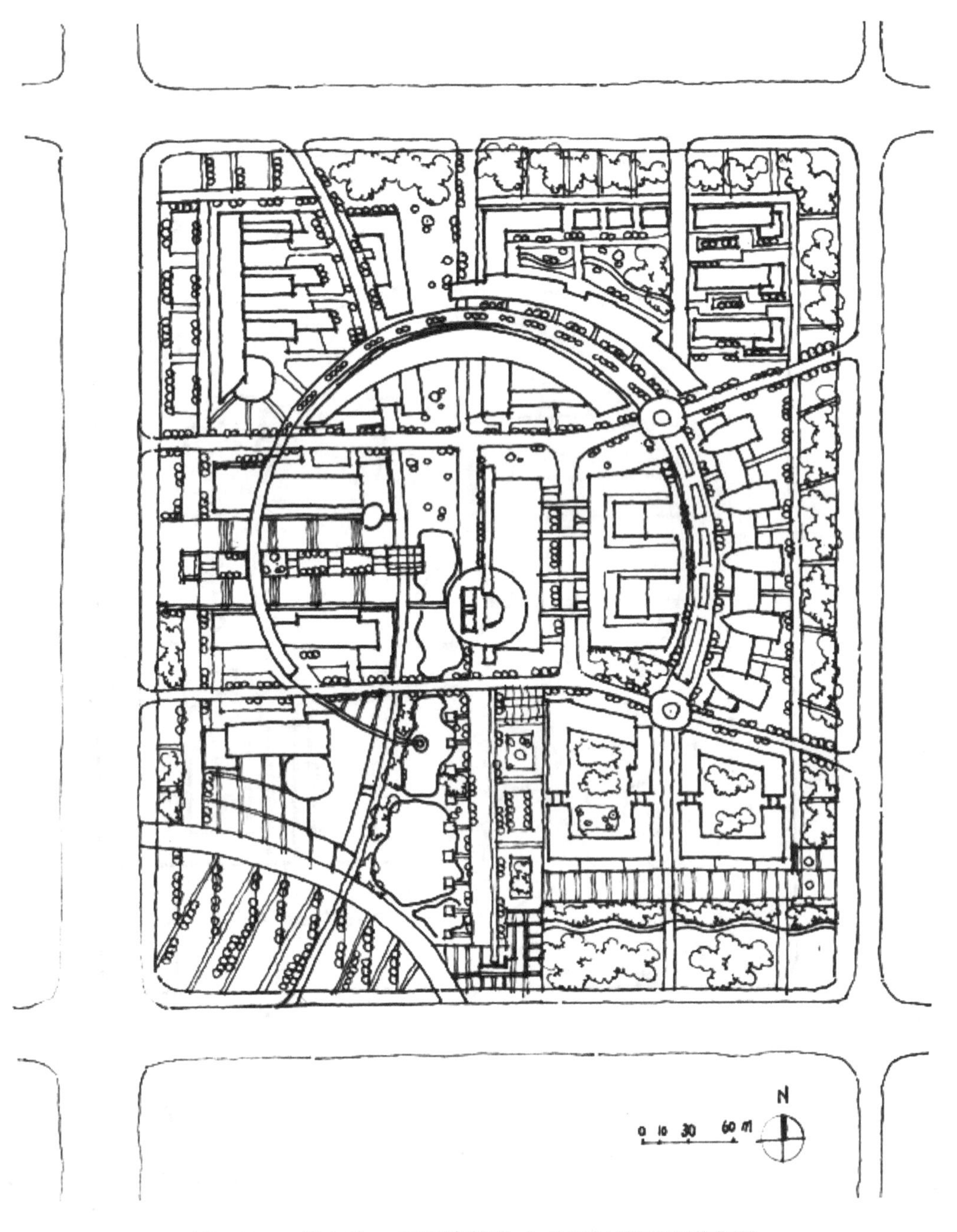

图 2-42　第三步：运用针管笔完成规划总平面图布局

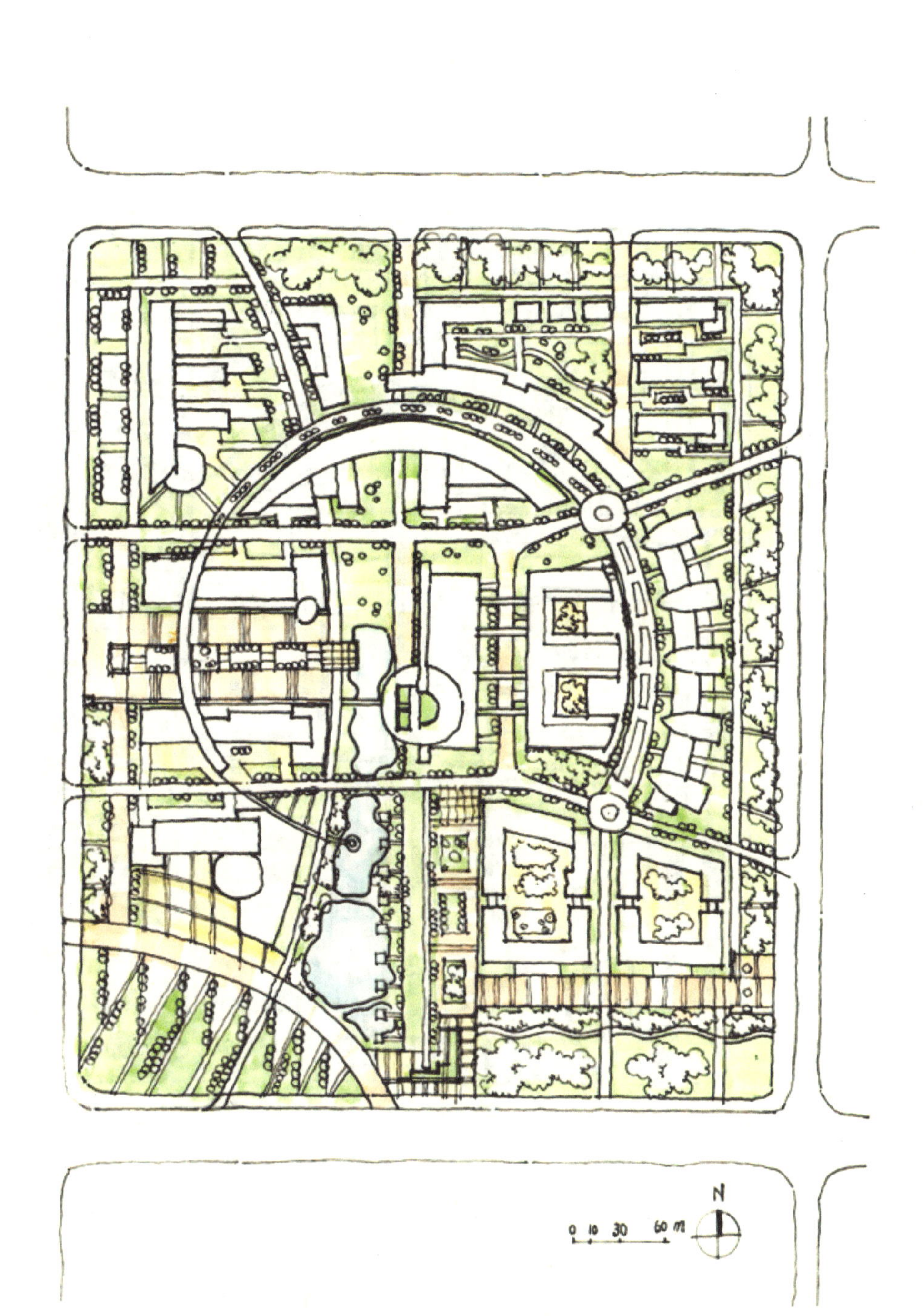

图 2-43 第四步：运用马克笔对总平面图进行初步上色

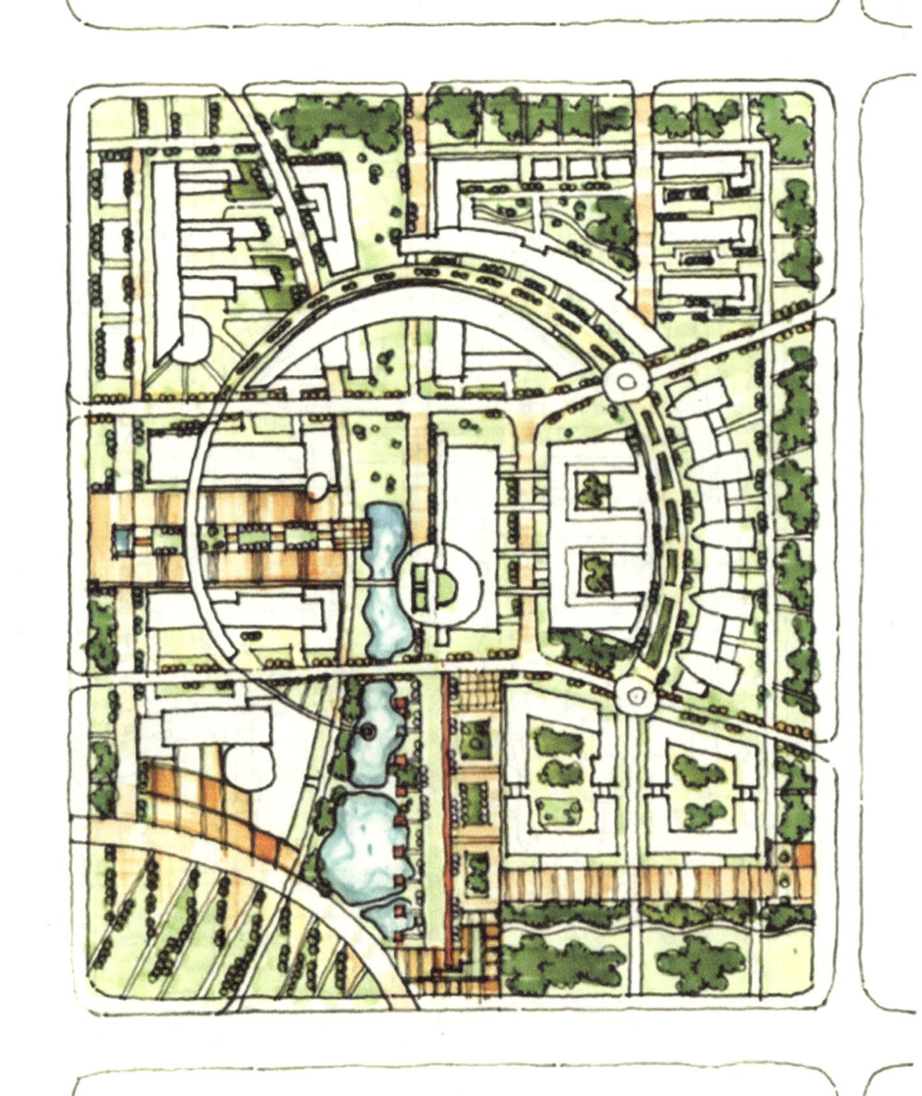

图 2-44　第五步：运用马克笔对总平面图色彩进行深入刻画

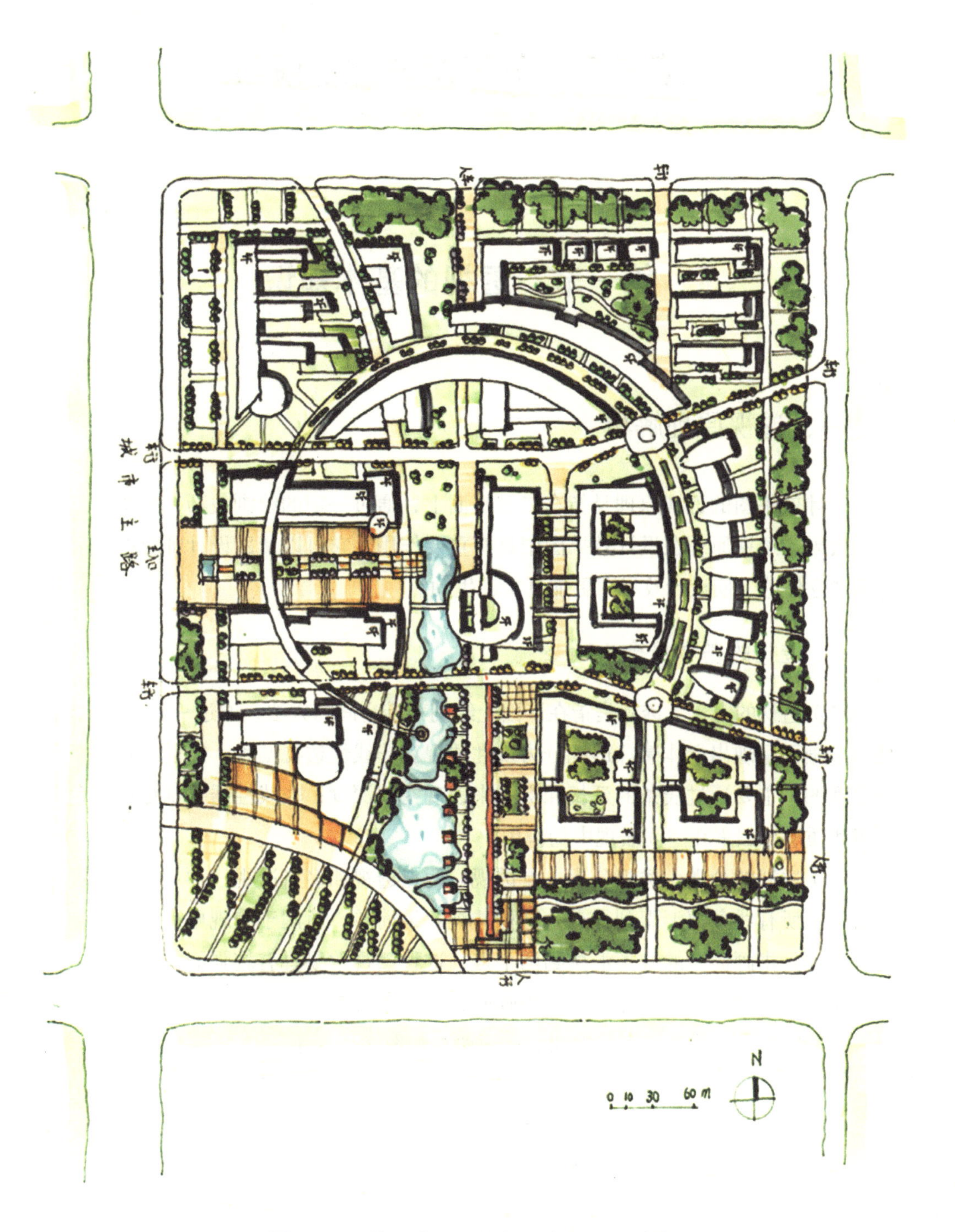

图 2-45 第六步：添加投影与完善细节

第三章　效果图的透视解析

第一节　透视的基本知识

一、透视原理解析

设计效果图的透视原理是指在二维平面上，通过一定的绘画技巧，模拟出三维空间的效果。透视原理在设计效果图中具有重要作用，它可以帮助设计师更好地表现空间感和立体感，使设计效果图更加真实、生动。

1．透视的基本概念

（1）透视的定义。透视是指在平面上绘制三维空间的方法，通过一定的视觉规律，使二维画面呈现出立体感。透视分为线性透视和非线性透视两种。线性透视是基于数学原理的，主要通过线条的延长和交叉来表现空间深度；非线性透视则更注重色彩、明暗和质感等因素在空间表现中的作用。

（2）透视的分类。透视分为一点透视、两点透视和多点透视三种。一点透视是指画面中的所有线条都汇聚到一点，这种透视效果简单，适用于表现单一的深度空间。两点透视是指画面中的线条汇聚到两个点，这种透视效果具有较强的立体感，适用于表现复杂的深度空间。多点透视是指画面中的线条汇聚到多个点，这种透视效果更加丰富，适用于表现复杂的多维空间。透视要点如图 3-1 所示。

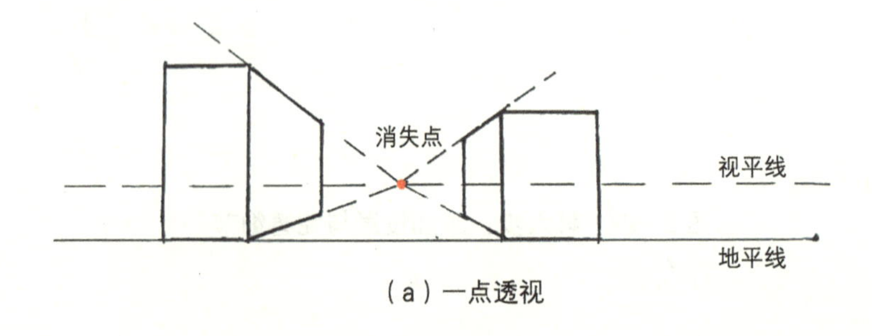

（a）一点透视

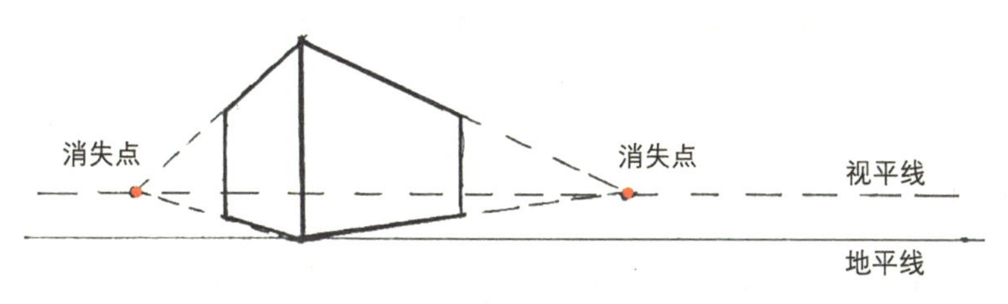

（b）两点透视

图 3-1 透视要点图解

2. 透视原理中的三个重要概念

（1）消失点。消失点是指在透视图中，由于视觉错觉的原因，远处的物体似乎向某个点汇聚并消失。在一点透视中，所有平行线都向同一个消失点汇聚；在两点透视中，两条平行线分别向两个不同的消失点汇聚。消失点的运用可以使画面产生强烈的空间感和深度感，设计师可以通过调整线条的长度和倾斜角度，使画面中的元素呈现出立体感。

（2）视平线。视平线是指画面中与观者眼睛平行的水平线。在设计效果图中，设计师通过调整视平线的位置，可以表现出不同的空间高度和景深。当视平线位置较高时，画面呈现出仰望的角度，具有向上扩展的空间感；当视平线位置较低时，画面呈现出俯视的角度，具有向下扩展的空间感。在设计效果图时，合理安排视平线的位置，可以有效地引导观者的视线，突出画面的重点。

（3）地平线。地平线是透视原理中的一个辅助概念，是指画面中与地面平行的水平线，代表画面的基准水平线。在透视图中，地平线不仅可以确定画面的构图，还可以增强画面的空间感。当地平线位置较高时，画面呈现出仰望的角度，具有向上扩展的空间感；当地平线位置较低时，画面呈现出俯视的角度，具有向下扩展的空间感。同时，地平线还可以与视平线相互配合，形成画面的重心，使画面更加稳定。

二、一点透视原理解析

一点透视，也称为线性透视，是绘画和设计中的一种基本技巧，用来给二维图形营造三维空间感。一点透视通过在画面中创造一个消失点，让平行线向这个点汇聚，这个点就是所谓的“消失点”。因此，在画面中，即使在现实中实际高度相同的物体，因其远近不同，看起来大小也不同。

一点透视是视觉艺术中表现空间深度的基本方法之一。通过理解并应用这一原理，设计师可以在二维平面上创造出具有三维感和深度感的图像，以增强视觉冲击力和图像的真实感。

1．应用步骤

（1）确定视平线：首先找出画面的视平线，其通常是画面中心线上下的一些点。

（2）放置对象：将需要绘制的对象放置在画面中，并确保其正面朝向观者。

（3）画出直线：对于对象的每个边，画出向远方延伸的直线，并让它们在某个点上汇聚。

（4）调整大小：随着形状的远端越来越接近消失点，它们的尺寸会显得越来越小。

（5）完善细节：最后用这些线条和大小变化来填充和定义形状，使其具有深度和空间感。

一点透视的应用步骤如图 3-2 所示。

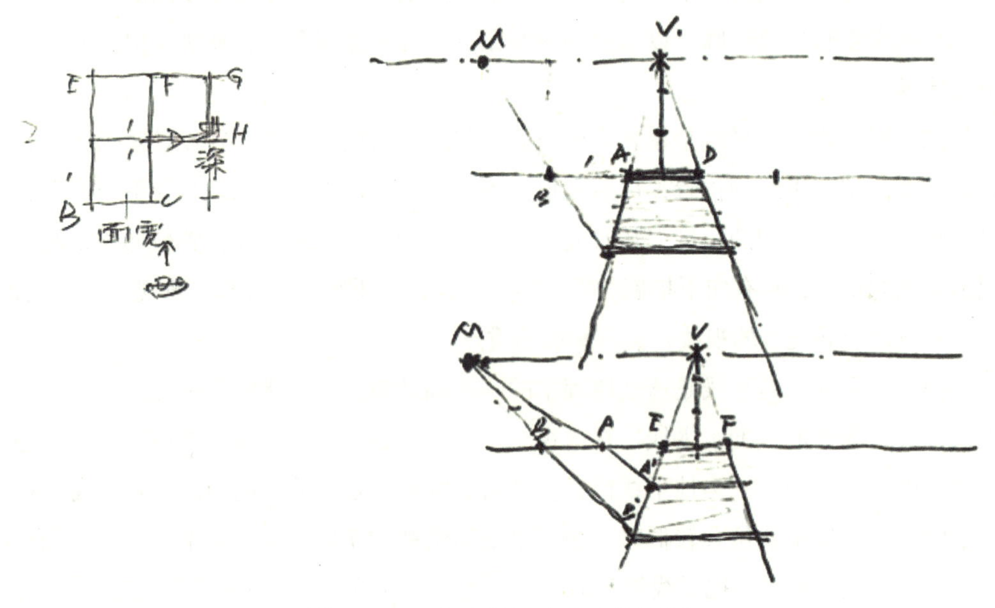

图 3-2　一点透视的应用步骤图解

2．注意要点

（1）所有不平行于画面的平行线都将有一个共同的消失点。这个消失点的位置取决于观者的视平线。视平线是画面上的一条水平线，代表观者的眼睛水平线。当画面中的直线（如水平线、垂直线或对角线）向远方延伸时，它们会在一个点上汇聚，这个点就是所谓的消失点。物体越远，看起来越小，这就是透视中的“近大远小”原则。一点透视的空间生成图解如图 3-3 所示。

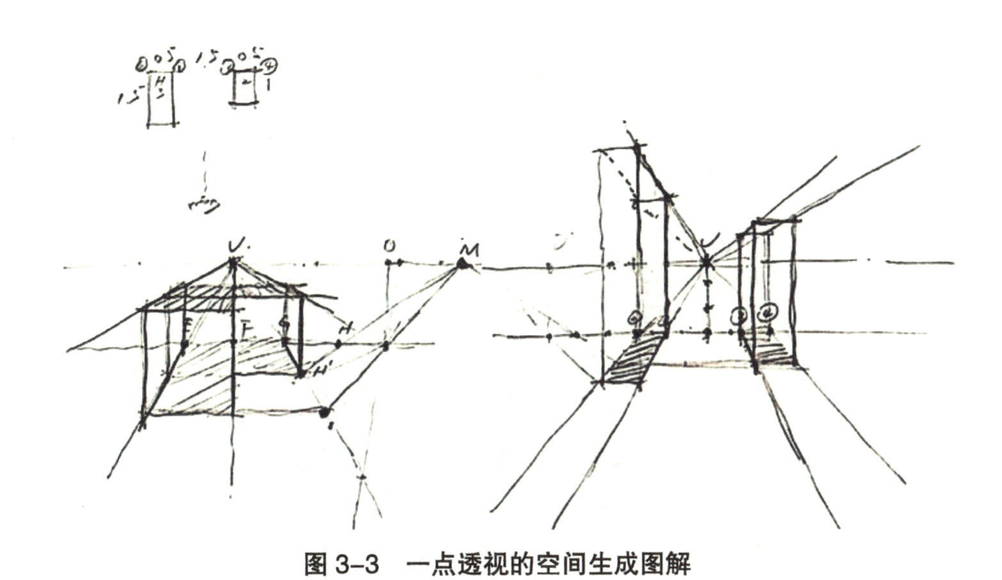

图 3–3 一点透视的空间生成图解

（2）垂直于画面的所有平行线，永远与画面垂直。一点透视中垂直的线条垂直如图 3–4 所示。

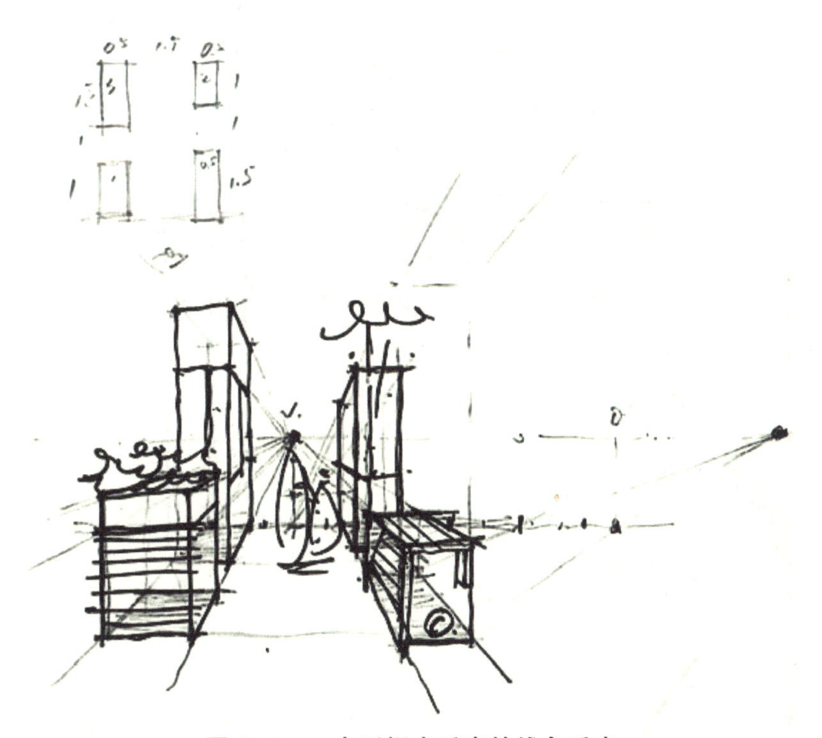

图 3–4 一点透视中垂直的线条垂直

（3）透视效果越强烈，物体在接近消失点的地方就会显得越紧凑。一点透视场景的效果分析如图 3–5 至图 3–7 所示。

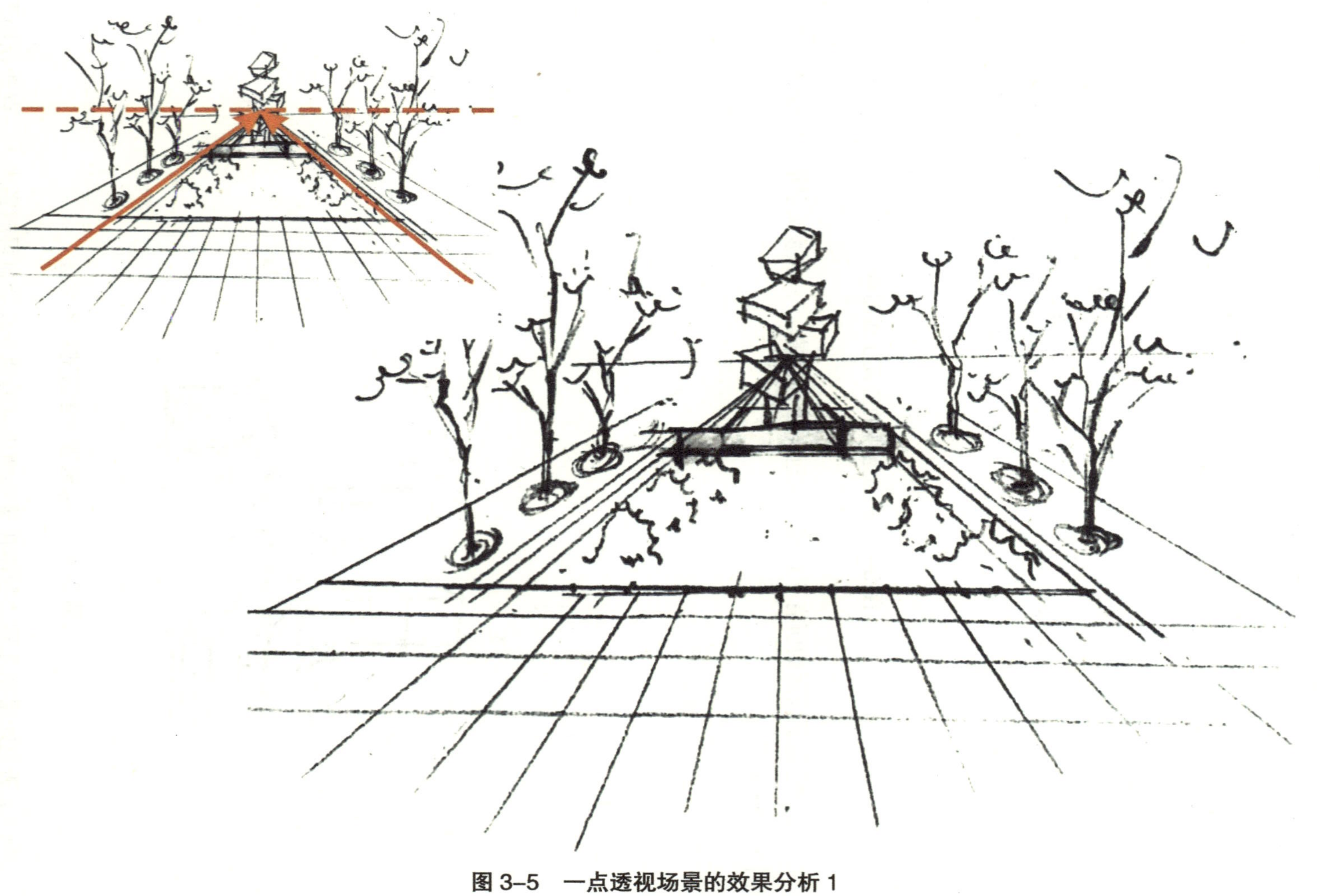

图 3-5　一点透视场景的效果分析 1

图 3-6　一点透视场景的效果分析 2

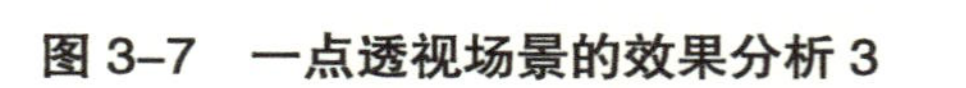

图 3-7　一点透视场景的效果分析 3

三、两点透视原理解析

1．两点透视的基本原理

两点透视，也称成角透视，对于绘画表现十分重要，主要用于表现物体在空间中的立体感和深度感。它的基本原理是通过选取画面中的两个消失点，将物体上的任意一点与这两个消失点相连，形成一条直线，从而使物体呈现出透视效果。

在绘制两点透视时，首先，要确定画面的主轴线，也就是画面中物体的主要排列方向；然后，在主轴线的一侧选择一个消失点，作为物体近大远小的变化依据；最后，在与主轴线垂直的另一侧选择另一个消失点，用来表现物体在空间中的深度。

通过这两个消失点，可以将物体上的任意一点与它们相连，使物体呈现出透视效果。在连线的过程中，要注意保持线段的平行关系，这样才能确保透视效果的准确性。此外，在绘制两点透视时，还要注意物体之间的相互关系，以及光线、色彩等因素的处理，使画面更加立体、生动。两点透视的空间生成图解如图 3-8 所示。

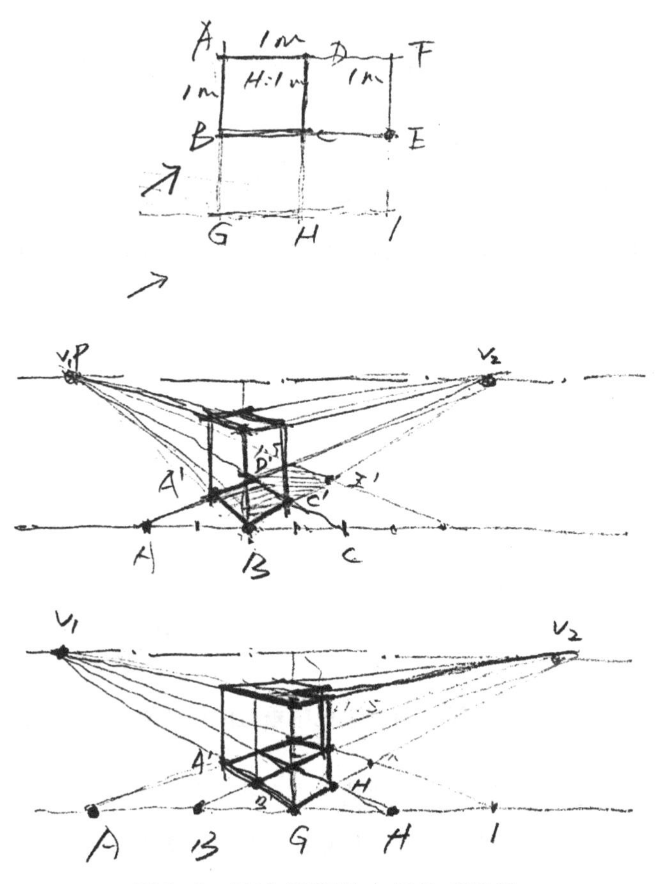

图 3-8　两点透视的空间生成图解

两点透视的应用范围非常广泛，无论是景观规划设计、建筑设计、室内设计，还是绘画、产品设计等领域，都需要运用这一原理。掌握两点透视的原理和技巧，能够帮助设计师更好地表现空间感和立体感，提升作品的视觉效果。两点透视在室内设计透视图中的应用如图 3-9 所示。

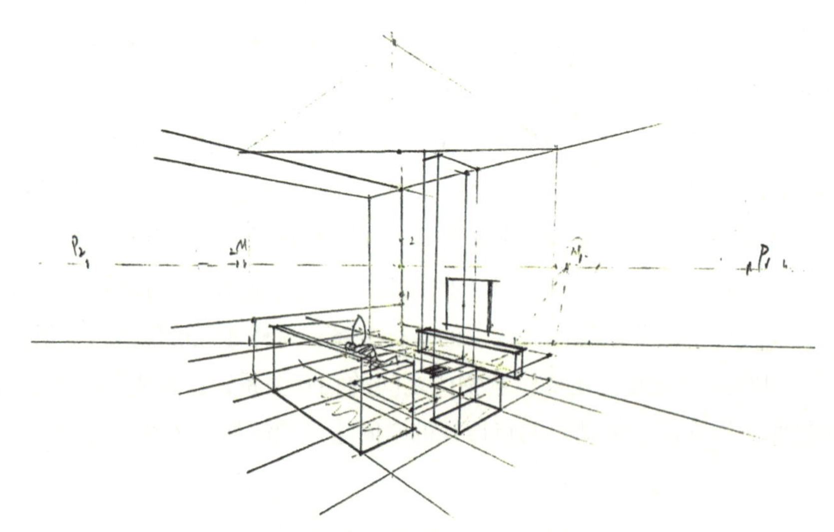

图 3-9　两点透视在室内设计透视图中的应用

两点透视是指所绘制物体两边的延长线交汇在视平线上的两点所形成的透视，在视平线上有两个消失点。简单来说，两点透视具有以下三个特征。

（1）垂直于画面的平行线永远垂直。两点透视中垂直的线条垂直如图 3-10 所示。

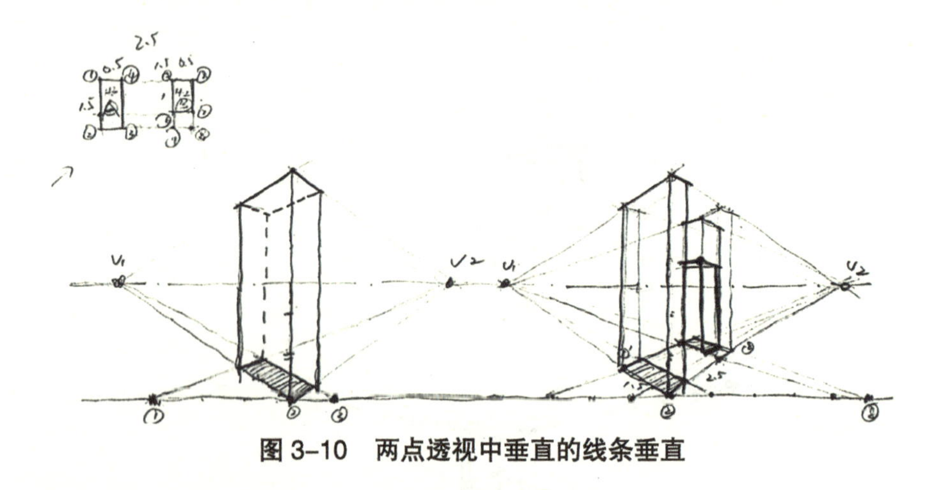

图 3-10　两点透视中垂直的线条垂直

（2）不平行于画面的其他线条分别消失在两个不同的消失点。

（3）两个消失点都必须在同一视平线上。两点透视中消失点与视平线的关系如图 3-11 所示。

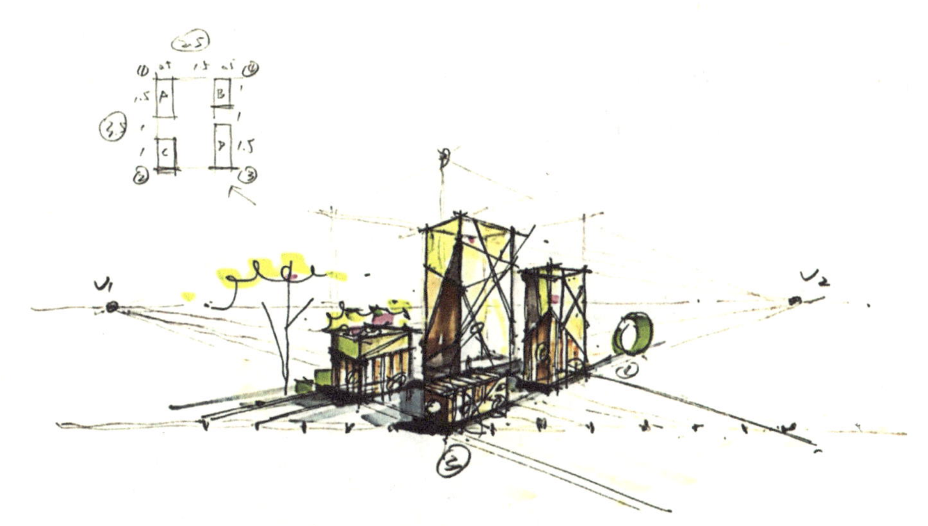

图 3-11 两点透视中消失点与视平线的关系

2．两点透视效果图的案例分析

在建筑效果图中，两点透视的应用能够增强画面的深度感和空间感，使建筑物的三维形态更加真实和立体。其作用的具体体现如下。

（1）增强空间感。两点透视通过展现建筑物前后关系的消失点，使画面呈现出更加丰富的空间层次。观者可以直观地感受到建筑的前后位置以及各个部分之间的远近关系。两点透视增强空间感如图 3-12 所示。

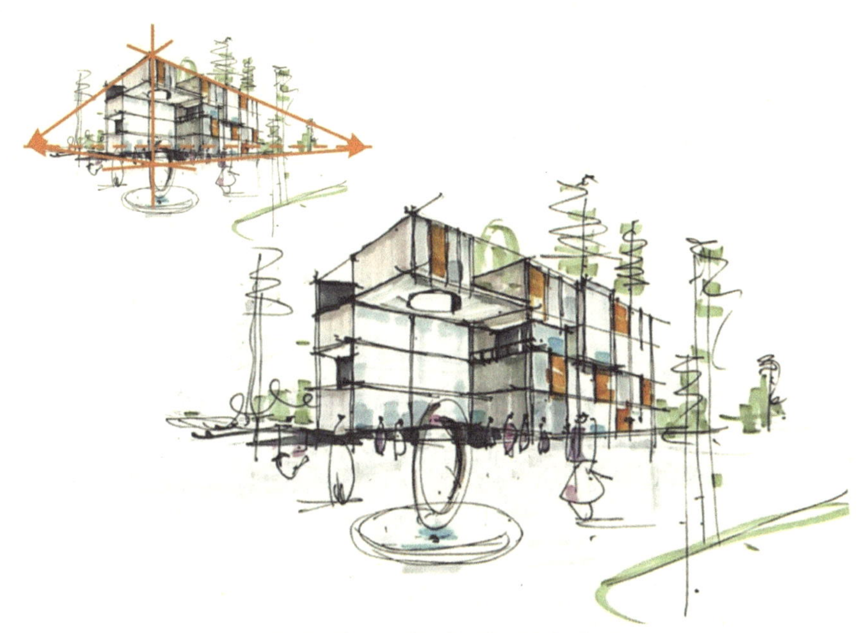

图 3-12 两点透视增强空间感

（2）突出重点。建筑方案设计中可以利用两点透视来突出建筑中的特定部分，如入口、立面或者特定的功能区。通过改变透视中两个消失点的位置，可以有意识地引导观者的视线，增加设计的焦点。两点透视突出设计重点如图 3–13 所示。

图 3–13　两点透视突出设计重点

（3）表现场景活力。两点透视不是静态的，它可以通过调整消失点的位置和线条的倾斜角度来表现动态效果，增强效果图场景的活力。两点透视表现场景活力如图 3–14 所示。

图 3–14　两点透视表现场景活力

（4）符合视觉习惯。人类的视觉习惯往往倾向于寻找两个点作为景深的参照，因此，两点透视更符合人的视觉经验和心理预期，使效果图看起来更加自然和真实。

（5）构图平衡。在效果图的构图中，可以通过合理安排两个消失点的位置来达到视觉平衡，避免画面过于倾斜或者重心不稳。通过这种方式，能够使效果图的视觉感受得到极大的提升，让人能更好地理解其设计意图。两点透视使画面平衡如图 3–15 所示。

图 3–15　两点透视使画面平衡

第二节　鸟瞰图的透视分析

一、认识鸟瞰图

1．鸟瞰图的定义

鸟瞰图，顾名思义，就是从高空俯瞰地面，以一种俯视的视角来表现景物的图像。它通过模拟鸟的视角，将观者与被观察物体之间的距离拉远，从而展现出更为广阔的视野和更为清晰的空间关系。鸟瞰图作为一种重要的视觉表达手段，被广泛应用于城市规划、建筑设计、景观设计等领域。它能够全面、直观地展现设计对象的整体风貌和空间关系，帮助人们更好地理解和发展设计理念。在鸟瞰图中，透视效果分析是非常关键的，它对于整个景观规划的成功与否起着决定性的作用。

2．鸟瞰图的作用

（1）展示空间全貌。鸟瞰图可以全面、直观地展示景观空间的整体布局、地形地貌、植被水体等要素，有助于设计师与甲方、施工方等各方进行沟通。鸟瞰图展现规划要素的全貌关系如图 3-16 所示。

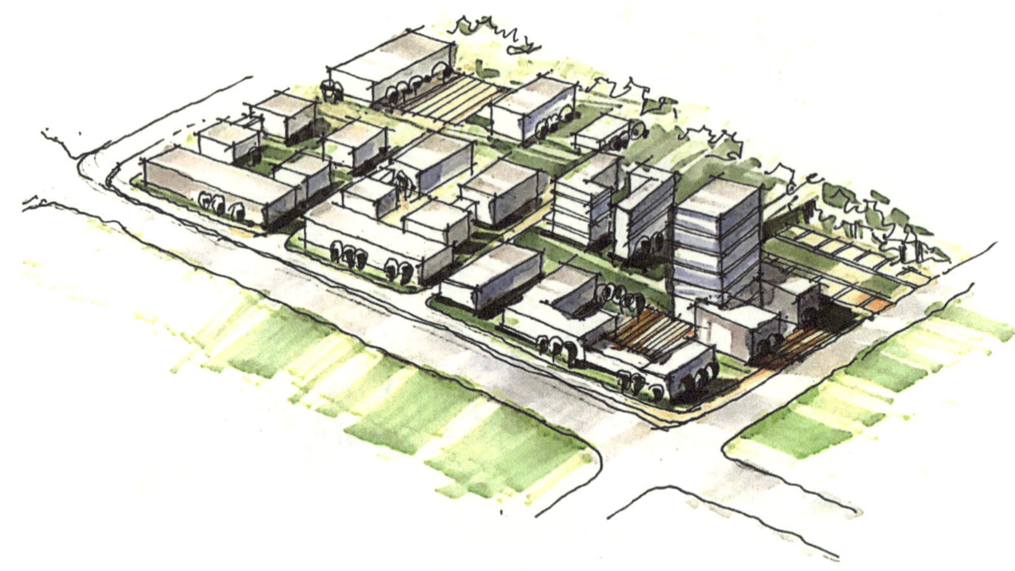

图 3-16　鸟瞰图展现规划要素的全貌关系

（2）表达设计思路。鸟瞰图是设计师表达设计思路的重要手段，通过鸟瞰图可以清晰地展示设计师对景观空间的理解和创意。

（3）辅助设计决策。鸟瞰图可以帮助设计师在景观规划设计过程中，对各种方案进行比较和选择，以提高设计质量。

二、鸟瞰图的透视关系与要点

1．鸟瞰图的透视关系

鸟瞰图中的透视能够表现出空间的深度。具体而言，透视可以将观者的视线引向画面中的焦点，通过对远近景物的缩放和变形，创造出一种立体的空间效果。在景观规划中，透视的运用有助于表现规划方案的规模和布局，使观者能够更加直观地理解规划空间的关系。鸟瞰图中的透视知识，包括以下两个方面。

（1）线性透视。线性透视是鸟瞰图中应用最广泛的一种透视形式。它通过在画面中设置一条或几条消失线，将观者的视线引向画面以外的空间。线性透视可以使画面中的景物产生一种向远方延伸的视觉效果，从而增强空间感和深度感。在景观规划中，线性透视有助于表现规划区域的空间布局和交通组织，使观者能够更好地理解规划方案的整体效果。

（2）成角透视。成角透视是指画面中的景物以两个消失点的形式呈现。这种透视形式可以使画面产生一种动态感，能增强空间的立体感。在景观规划中，成角透视可以用来表现规划区域内的关键节点和景观元素，如广场、公园等，使观者能够更加关注这些重要区域。此外，在规划设计中，成角透视还可以用来表现自然景观和曲线形状的建筑物，使观者能够更好地感受到规划方案的自然和谐之美。

鸟瞰图的透视关系分析如图 3–17 所示。

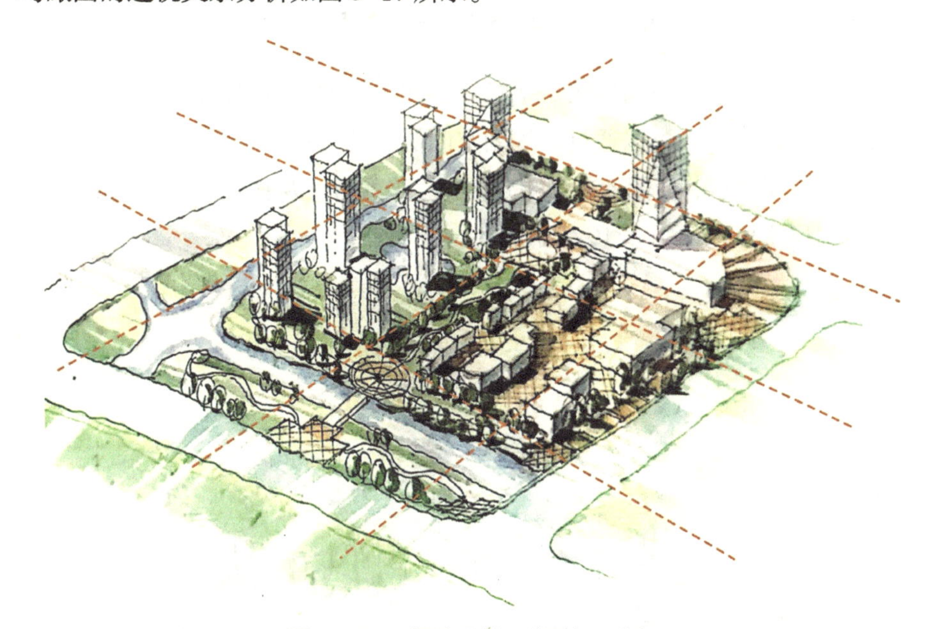

图 3–17 鸟瞰图的透视关系分析

2. 鸟瞰图的透视要点

（1）尺度分析。尺度分析对于判断景观空间的比例和尺度是否合理至关重要，通过对鸟瞰图中物体的大小、高度等进行比较和分析，可以对整个景观规划空间有一个宏观的认识，从而确保其比例和尺度符合预期设计效果。

（2）视觉焦点分析。视觉焦点是指鸟瞰图中能吸引观者注意的核心区域。在鸟瞰图中加强视觉焦点的刻画，可以优化景观空间的设计，使其更能吸引人们的目光，提升整体美感。鸟瞰图的视觉焦点刻画如图 3-18 所示。

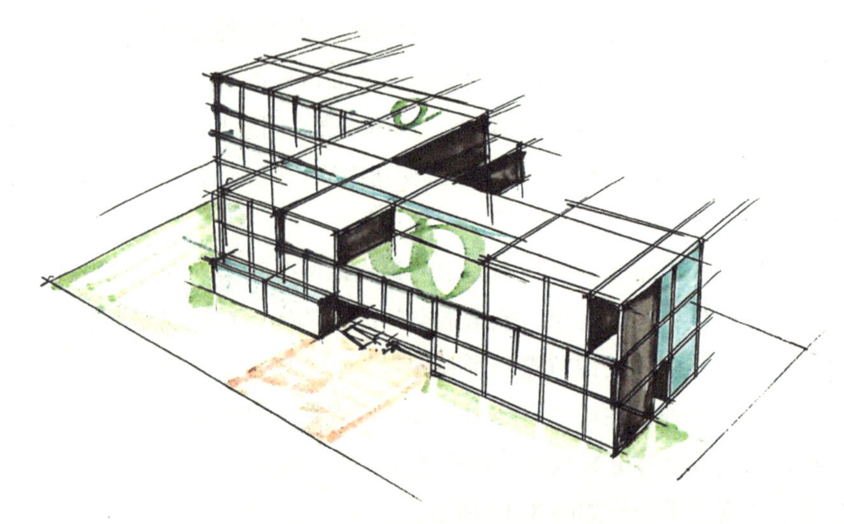

图 3-18　鸟瞰图的视觉焦点刻画

（3）空间层次分析。空间层次是指景观空间中不同区域之间的前后、远近关系。在手绘鸟瞰图的过程中，可以通过对规划空间层次的分析，合理地安排景观元素，使整个鸟瞰图具有层次感，使图面效果更加丰富、有秩序，从而提升鸟瞰图的视觉效果。鸟瞰图的空间层次区别如图 3-19 所示。

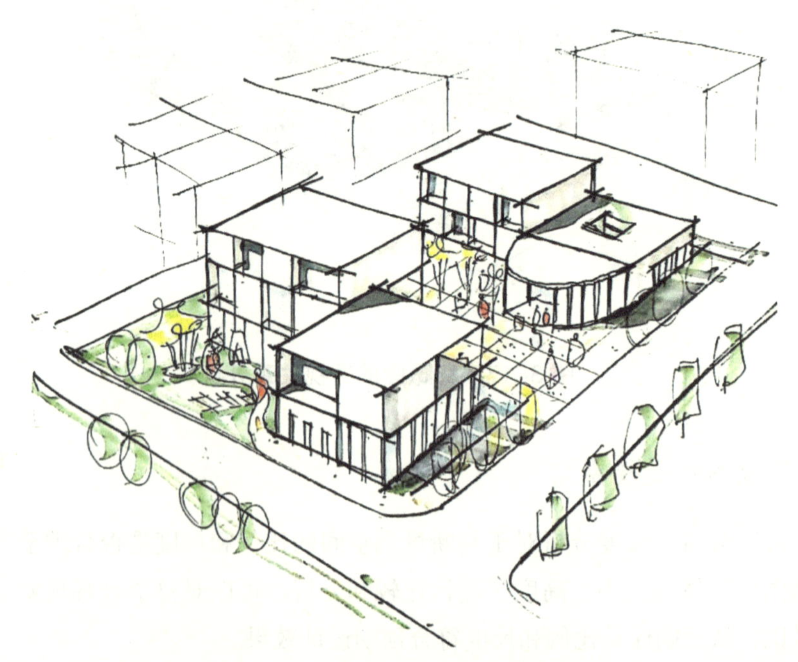

图 3-19　鸟瞰图的空间层次区别

第四章　景观与规划设计的效果图表达

第一节　效果图中植物的手绘表达

在景观与规划快速手绘设计中，植物效果图的绘制是至关重要的组成部分。它不仅能够增添画面的生动性和自然感，还能够营造出独特的空间氛围和环境特色。本节将详细论述植物效果图在景观与规划快速手绘设计中的画法。

一、植物形态的理解与把握

要准确绘制植物效果图，首先需要深入理解各种植物的形态特征。不同的植物具有不同的树干、树冠形状，树枝分布，以及叶片形态。例如，乔木通常有高大挺拔的树干和宽阔的树冠，灌木则相对矮小且树冠较为紧凑。手绘植物形态如图 4–1 所示。

其次，观察植物的生长习性也是关键。需要了解其是直立生长、倾斜生长还是蔓生等，这对于表现植物的动态感和自然姿态非常重要。同时，要注意植物的比例关系，确保树干与树冠的比例协调，避免出现比例失衡的情况。植物形态的理解如图 4–2 所示。

二、绘制工具的选择

常用的绘制工具有铅笔、针管笔、马克笔等。铅笔用于起稿，可轻松地勾勒出植物的大致轮廓。针管笔用于细致刻画线条，使植物形态更加清晰准确。马克笔则在表现植物的色彩和光影效果方面具有独特优势。

此外，选择合适的纸张也能提升绘制效果。光滑的纸张适合细腻的线条表现，而具有一定纹理的纸张可以营造出自然的质感。

图 4-1　手绘植物形态

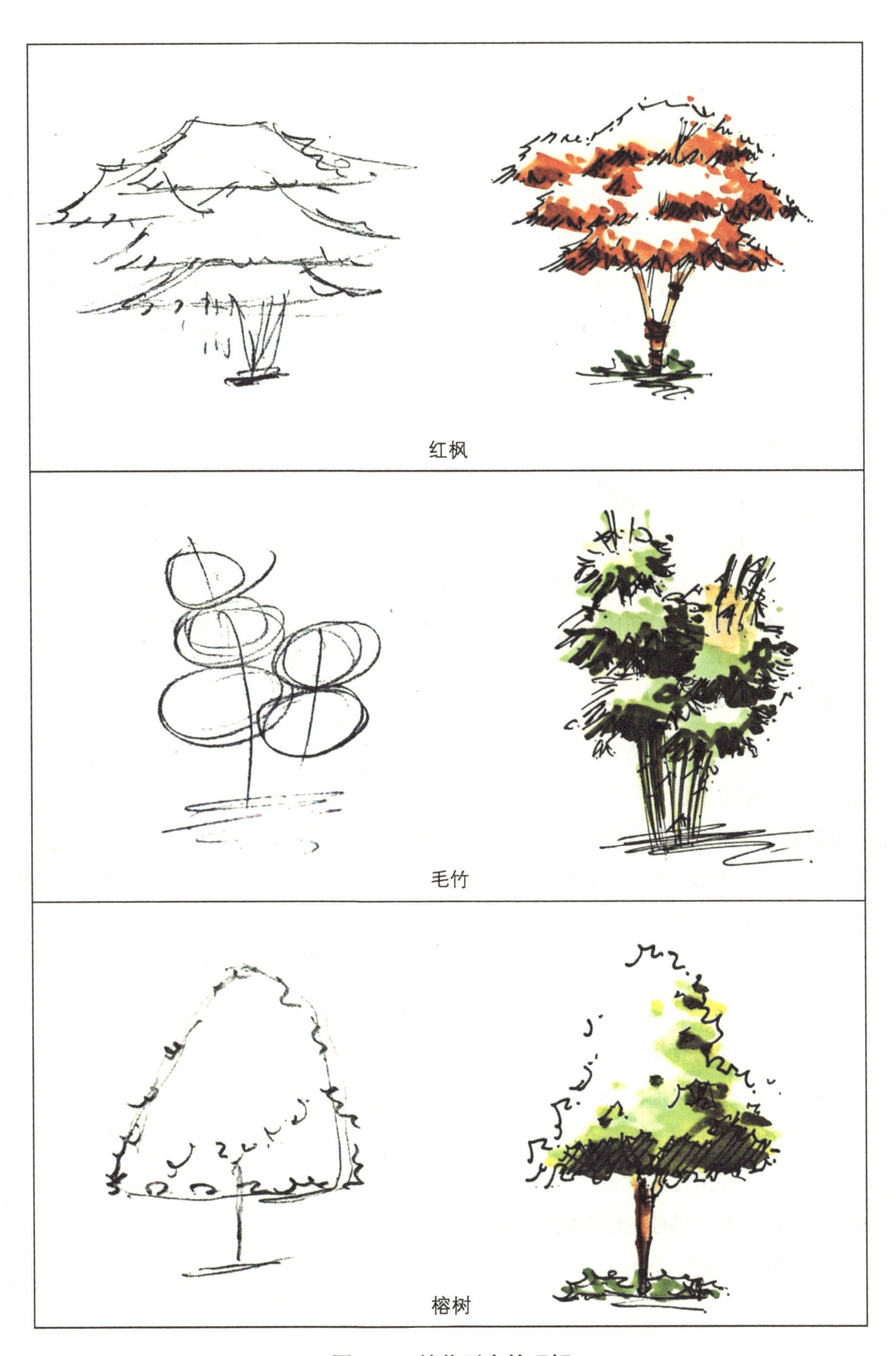

图 4-2 植物形态的理解

三、绘制步骤

1．起稿

首先，用较浅的铅笔线条轻轻地勾勒出植物大致的外轮廓，可以从植物的主要树干开始，确定其位置和走向。然后，逐步添加主要的树枝结构，注意树枝的分叉和伸展方向，要符合植物的生长规律。对于树冠部分，可以用一些大致的形状来表示，如圆形、椭圆形或不规则形状，同时要考虑树冠的大小和与树干的比例关系。

2．细化轮廓

使用针管笔进一步细化植物的轮廓，强调树干的纹理、树枝的细节以及叶片的轮廓等。可以通过不同粗细的线条来表现植物的层次感，包括细小的分枝、芽点等。对于树冠的轮廓，可以进一步明确其形状，使边缘更加清晰。在这个阶段，可以根据需要适当调整植物的形态和比例，以确保整体效果更加准确。

3．光影表现

首先，确定光源的方向，通常可以假设一个固定的光源角度。然后，根据光源，在树干和树冠上绘制出阴影部分。对于树干，阴影通常在背光的一侧，可以用较深的色调来表现。树冠的阴影则根据其形状和层次来绘制，注意表现出树冠内部的明暗变化。此外，高光部分可以用较浅的色调或留白来体现。通过光影的表现，可以增加植物的立体感和真实感。

4．色彩添加

选择合适的马克笔颜色来为植物上色，一般先从要大面积运用的颜色开始涂起，从深到浅或从浅到深地涂抹，以表现出色彩的层次感。在涂色过程中，要注意色彩的过渡和融合。对于树叶的颜色，可以根据不同的植物种类选择相应的绿色调，同时可以适当添加一些黄色、蓝色等色彩来丰富色彩效果。树干的颜色可以根据实际情况选择棕色、灰色等，同时注意表现出木质的质感。

植物色彩的表达如图 4–3 所示。

图 4–3 植物色彩的表达

四、不同植物类型的画法要点

1．乔木

在绘制乔木时要突出其高大挺拔的形态，即树干粗壮且笔直、树冠丰满。要注意表现出树冠的层次感和立体感，可以通过深浅不同的色彩来区分树冠的前后层次。具体来说，可以从以下四个方面着手。

（1）枝干的表现。一方面，仔细分析乔木的枝干结构，清晰地表现出枝、干、根各自的转折，明确枝干的转折关系，注意树干的形态和纹理。另一方面，在画枝干时，可以多运用曲折的线条来表现枝干的形态，避免使用过于单一的线条，这样既可以增加画面的生动感，又能体现树木的苍老感。

（2）树叶的表现。注意树叶的互生和对生方式，根据实际情况选择合适的表现方法。嫩叶可以用较为快速灵活的笔触来表现，而老树的树叶可以用较沉稳的线条来描绘。从树叶的整体描绘效果来看，可以通过树叶的疏密分布来表现出乔木的立体感和层次感，还可以适当留出一些空白，以突出树叶的疏密效果。

（3）明暗与体块。需要根据光源的方向，确定乔木的明暗关系，迎光面较亮，背光面较暗，同时要注意里层枝叶的阴影处理、过渡的自然性，以增强画面的立体感。

（4）远景和前景的处理。在远景中，乔木可以采用概括的手法来表现，突出其树形轮廓的关系和形态，不必过于细致。前景的乔木需要更加细致地描绘，突出其形体概念，可以画一半以完善构图。

手绘乔木的步骤如图 4–4 所示，手绘乔木的形态如图 4–5 所示。

图 4–4　手绘乔木的步骤

图 4-5 手绘乔木的形态

2. 灌木

灌木是一种矮小且丛生的木本植物，一般可以分为观花、观果、观枝干三类。常见灌木有玫瑰、杜鹃、牡丹、小檗、黄杨、沙地柏、铺地柏、连翘和迎春等。在进行景观设计手绘时，通常提取一些常用的造型来替代一些具体的树种，具体画法如下。

（1）观察灌木的形态和特征。在绘制灌木之前要先了解灌木的生长规律和特点，仔细观察灌木的形态、枝干的走向、叶子的形状和分布等特征，有助于更好地表现其形态。

（2）用抖线概括地绘出绿篱的基本造型，再通过抖线与竖线的疏密排列拉开绿篱的转折面。

（3）绘制出绿篱的影子，并表现出亮面、灰面、暗面的过渡关系。

（4）根据观察到的叶子形状和分布，可以用线条勾勒出叶子的轮廓，也可以用点、线、面等元素来表现叶子的质感和明暗变化。

（5）根据光源的方向，绘制出灌木的明暗关系，通常阴影部分的色调较暗，而受光部分的色调较明快，以增强画面的立体感和真实感。

（6）在完成绘制后，调整画面的整体效果，进行必要的调整和修饰，使画面更加生动、自然。

手绘灌木的形态如图 4-6、图 4-7 所示。

（1）

（2）

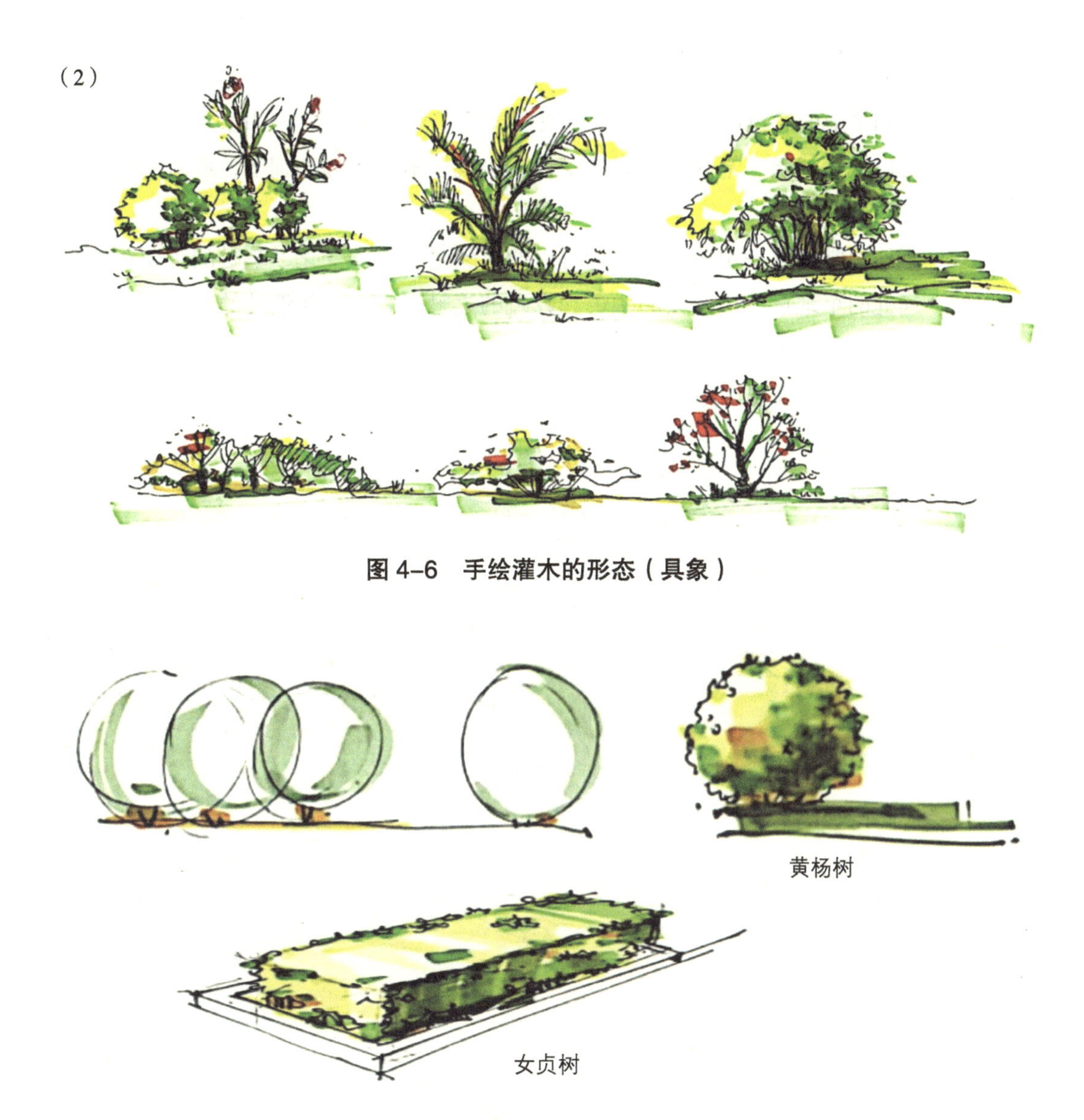

图 4–6　手绘灌木的形态（具象）

图 4–7　手绘灌木的形态（抽象）

3．草地

草本植物通常较为柔软和灵活，其线条可以更加流畅自然。要注意表现出叶片的形状和纹理以及它们之间的重叠和穿插关系。具体的绘图过程中需要注意以下五个方面。

（1）注意理解草地的形态、颜色和纹理等特征，包括草地的起伏、疏密和生长方向等细节，以便在手绘中准确表现。

（2）可以使用铅笔、草图笔、马克笔等工具来绘制草地，不同的工具和材料会产生不同的效果。

（3）绘制草地的底色可以使用淡绿色或浅黄色来表现草地的整体色调。

（4）可以使用线条、笔触及色彩的变化来表现草地的纹理和细节，或者用小点或短笔触来表现草的质感。

（5）草地通常具有一定的层次感，可以通过颜色的深浅变化、笔触的疏密程度等来表现。远处的草地可以用较淡的颜色和较疏的笔触来表现，而近处的草地则可以用较深的颜色和较密的笔触来突出。

草地场景的手绘表现如图 4–8、图 4–9 所示。

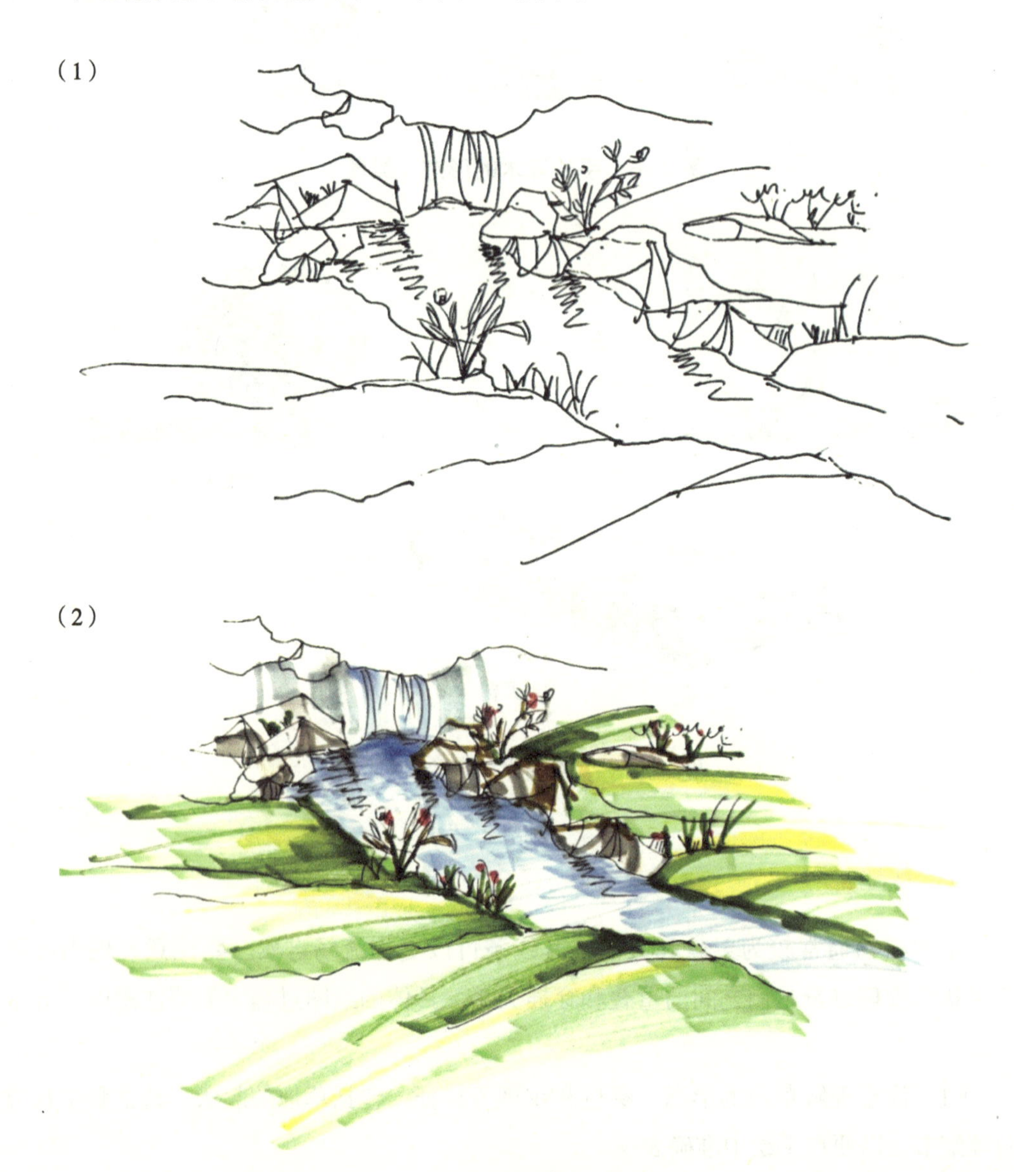

图 4–8　草地场景的手绘表现 1

（1）

（2）

图 4-9 草地场景的手绘表现 2

五、植物组合的表现

在进行植物表现的组合时，首先要考虑不同植物种类之间的搭配关系，可以选择乔木、灌木、草本植物等多种类型进行组合。

对于乔木，可以将形态各异的几种乔木安排在画面中。例如，有的乔木高大挺拔、树干笔直，可以着重表现其雄伟的姿态和粗壮的树干纹理；有的乔木枝干较为弯曲、富有动态感，要突出其独特的线条美。将它们错落有致地放置，可以形成高低层次和前后遮挡关系，以展现空间的纵深感。

在乔木的周围，可以布置一些灌木。灌木的形态既可以是圆润紧凑的，也可以是较为疏散、不规则的。可以通过仔细刻画灌木的枝叶形状和密度，表现出它们与乔木的对比和呼应。可以用较细腻的线条来描绘灌木的细节，如小枝条和叶片的轮廓。

草本植物则可以填补画面中的空白部分，增加画面的丰富度。可以用简洁的线条来表现草本植物的轮廓，用不同的色调来区分不同种类的草本。它们可以围绕着乔木和灌木生长，营造出自然的生长环境氛围。

在组合表现中，还要注意植物之间的色彩搭配。可以选择一些互补或相近的色彩来使整个画面协调统一。例如，绿色的乔木可以搭配一些彩色的花朵或果实，以增添画面的生动性和亮点。同时，要考虑光影效果在整个组合中的表现。可以根据光源的方向，在不同植物上准确地绘制出阴影和高光部分，使植物具有立体感和真实感。还可以通过阴影的形状和深浅来突出植物之间的相互关系和层次。

此外，还可以加入一些细节元素，如地面的草丛、落叶等，进一步丰富画面的内容和质感。通过精心安排和细致刻画这些植物组合的表现，能够创作出一幅生动、自然且富有层次感的植物景观画面。

六、植物与场景组合的分析

在景观与规划设计手绘效果图中，植物与场景的完美组合至关重要。植物是构成景观场景的关键元素之一。不同种类的植物具有不同的形态、颜色和质感。通过巧妙地选择和布置植物，可以营造出丰富多样的氛围和空间感受。例如，高大的乔木可以提供遮荫和竖向的视觉引导，增加空间的层次感和立体感；灌木可以丰富边界和填补空间，形成较为饱满的视觉效果；花卉则能够增添色彩和活力，吸引人们的注意力。

景观场景通常包括地形、建筑、道路、水体等元素。植物与地形的结合可以强化地形的起伏和变化。例如，在山坡上种植成片的树木，能使地形更加生动；与建筑搭配时，植物可以软化建筑的生硬线条，增添自然的气息，同时能起到遮挡或衬托建筑的作用；在道路两旁布置植物可以形成绿色的廊道，引导人们的视线和行走方向；与水体相结合，水生植物可以丰富水面景观，岸边植物则能倒映在水中，营造出宁静且优美的氛围。植物与场景组合的手绘效果如图 4-10 所示。

图 4–10 植物与场景组合的手绘效果

在组合植物与场景时，需要考虑以下四个方面。

（1）比例和尺度。植物的大小和数量应与场景的规模相适应，避免过于突兀或不协调。

（2）色彩搭配。所选植物的颜色要与场景的整体色调相协调，形成和谐或对比的视觉效果。

（3）空间布局。要根据场景的功能需求和空间特点，合理安排植物的位置和疏密程度，创造出开放、半开放或私密等不同的空间感受。

（4）季节变化。要考虑不同植物在不同季节的形态和色彩变化，以确保景观在全年都能保持一定的吸引力。

总之，在景观与规划设计手绘效果图中，植物与场景的巧妙组合能够生动地展现出设计的创意和理念，使人们可以直观地感受到未来景观的魅力和特色。

第二节 人视效果图的表现

一、认识手绘人视效果图

景观的规划设计中人视效果图是将设计理念和创意通过视觉表现出来的结果。它可以帮助设计者更好地呈现和表达设计方案，使客户能够直观地理解景观空间的效果。因此，它对于设计师和景观规划设计的学习者来说，都具有重要作用。

1．具有沟通与表达的作用

手绘人视效果图是一种直观的表现手法，能够将设计师的创意和设计理念直观地展示给客户或者团队成员。通过手绘效果图，设计师可以与客户进行有效的沟通，且客户能更好地理解设计方案，为项目的顺利进行奠定基础。手绘人视效果图还是设计师个性和创造力的体现，设计师通过手绘效果图，可以灵活地表达自己的设计思想和情感，使设计方案更具艺术性和独特性。

2．具有修改完善设计方案的作用

一方面，人视效果图可以帮助设计师和客户更好地评估设计方案的可行性和设计效果。通过手绘效果图，设计师可以观察到景观空间的整体效果，发现设计中的问题和不足，以及时进行调整和改进。另一方面，设计师可以根据效果图中的视觉效果和空间感受，调整设计方案，使景观空间更加符合人们的审美需求和使用功能。也就是说，手绘人视效果图为设计师提供了修改和优化设计方案的机会。

3．具有提升设计品质的作用

手绘人视效果图是一种艺术创作，是设计师将设计方案转化为视觉艺术作品的过程。手绘人视效果图可以使景观空间的设计更加丰富和生动，能提升设计品质和审美价值，还可以展现出景观空间的细节部分，使景观空间更加精细和真实。

4．具有激发设计师创新思维的作用

设计师可以在手绘人视效果图的过程中充分发挥自己的想象力和创造力，不断尝试新的设计思路和创意，激发创新思维，从而改进和优化设计方案，提高设计师的设计能力和创新水平。

二、人视效果图的绘图步骤

在景观与规划设计中，用马克笔或者彩色铅笔绘制人视效果图是一种常见的手绘表现手法。这种表现手法具有快速、简洁和生动的特点，能够直观地展示景观空间的效果。下面将详细介绍用马克笔或者彩色铅笔绘制人视效果图的步骤。

1．准备工具和材料

（1）马克笔或者彩色铅笔。马克笔具有较厚的笔触和鲜艳的颜色，适合表现景观空间的立体感和质感；彩色铅笔具有较细的笔触和丰富的色彩，适合表现景观空间的细节和过渡。

（2）画纸。选择合适的画纸，一般选用粗糙或者有纹理的画纸，以便于马克笔或者彩色铅笔的描绘。

（3）橡皮、尺子、圆规等辅助工具。辅助工具可以用于修正和辅助绘制。

2．确定视点和视角

（1）选择视点。根据景观空间的特点和需求，选择合适的视点。视点是观看景观空间的出发点，视点的选择会影响人视效果图的视角和表现效果。

（2）确定视角。确定视点与景观空间之间的垂直角度，即视角。视角的大小和方向会影响人视效果图的视觉效果和空间感受。

3．绘制草图和把握透视

（1）绘制草图。根据确定的视点和视角，用铅笔在画纸上绘制出景观空间的基本形状和结构。草图不需要过于精细，只要能表现出景观空间的大致布局和关系即可。

（2）把握透视。在草图的基础上，绘制出透视线。透视线包括水平线和垂直线，可用于确定画面中的空间关系和远近关系。铅笔草图与透视如图 4–11、图 4–12 所示。

4．上色和表现

（1）绘制底色。用马克笔或者彩色铅笔绘制出景观空间的底色。底色可以选用淡色调，以突出画面中的主要元素。

（2）表现光影效果。根据光源的位置和强度，用马克笔或者彩色铅笔绘制出光影效果。光影效果可以增强画面的立体感和真实感。

（3）分层次上色。根据透视，从远到近、从主体到细节，逐步用马克笔或者彩色铅笔上色。上色时要注意表现景观空间的层次感、质感和色彩变化。

（4）绘制细节。在主体颜色的基础上，用马克笔或者彩色铅笔绘制出景观空间的细节部分，如人物、车辆、家具等。细节的绘制应注意表现空间的真实感和生动感。

（1）

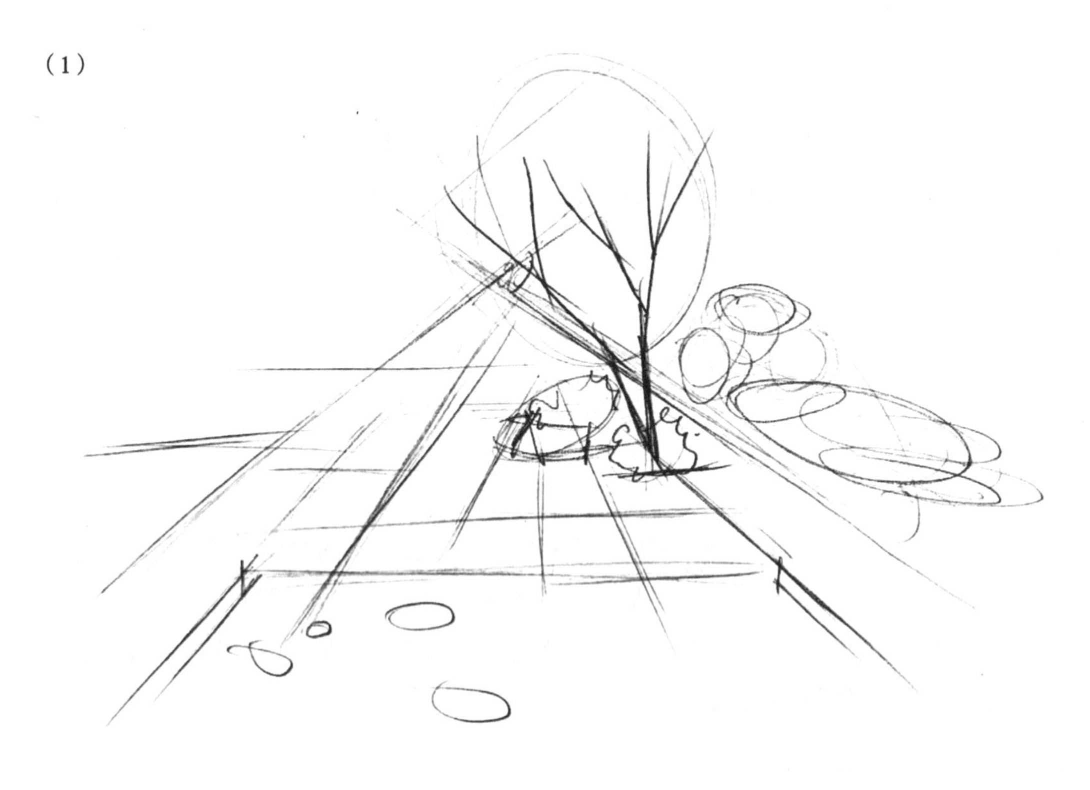

（2）

图 4-11　铅笔草图与透视 1

（1）

（2）

图 4-12 铅笔草图与透视 2

5. 调整和完善

（1）调整色彩。根据画面的整体效果，调整色彩的明暗、纯度和冷暖等，使画面色彩更加和谐、平衡。

（2）完善光影。根据画面的整体效果，完善光影的明暗、方向和面积等，使画面的光影效果更加自然、生动。

（3）细化画面。根据画面的整体效果，细化画面的纹理和质感，使画面更加精细和真实。

（4）检查和修正。检查画面的色彩和细节，对不合适的部分进行修正，使画面更加完美。

通过上述步骤，设计者可以完成人视效果图的画图过程。不过，每一个步骤都是一个有机的整体，设计者需要灵活运用和调整，以达到最佳的表现效果。同时，用马克笔或者彩色铅笔绘制人视效果图不仅是一个技术过程，更是一个艺术创作过程，设计者需要充分展示自己的创意和个性，使设计方案更加具有吸引力和竞争力。

针管笔线稿与马克笔上色如图 4-13、图 4-14 所示。

三、人视效果图的色彩表现

上色表现是景观与规划设计中绘制人视效果图的核心环节，它能够将设计理念和创意转化为视觉艺术作品。在上色过程中，马克笔和彩色铅笔是常用的工具，它们具有丰富的色彩和表现力。具体绘图要点包括以下五点。

1. 上色基础

（1）底色上色。用马克笔或者彩色铅笔给画面绘制一个底色。底色可以选用淡色调，如浅灰色、浅蓝色、米色等，以突出画面中的主要元素。底色的作用是统一画面色彩，为后续上色提供基础。

（2）光影表现。根据光源的位置和强度，用马克笔或者彩色铅笔绘制出光影效果，光影效果可以增强画面的立体感和真实感。在绘制光影时，要注意明暗对比和透视关系的处理。

2. 分层次上色

（1）主体上色。在底色上色完成后，根据透视网格，从远到近、从主体到细节，逐步用马克笔或者彩色铅笔上色。上色时要注意表现景观空间的层次感、质感和色彩变化。

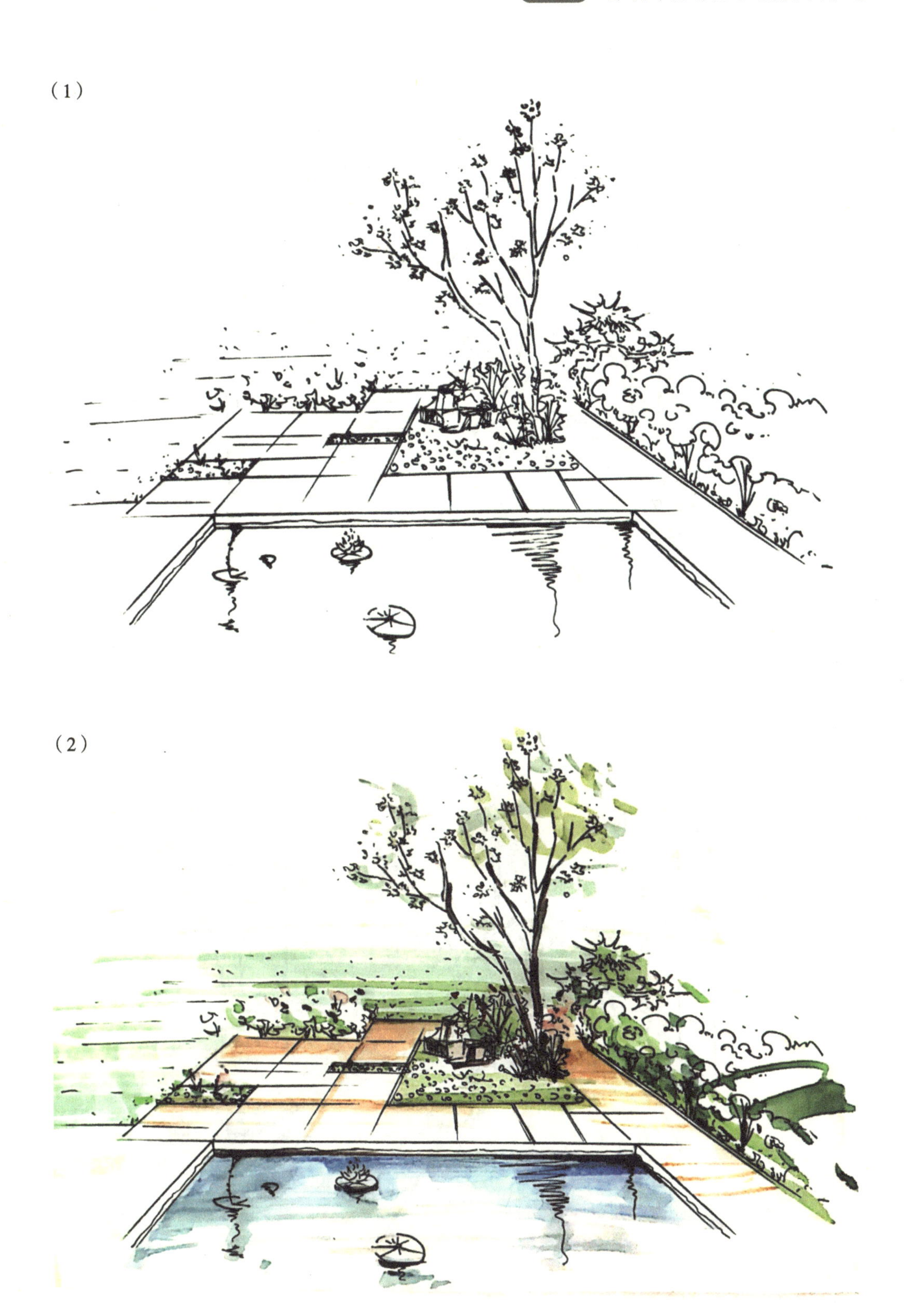

图 4-13　针管笔线稿与马克笔上色 1

（1）

（2）

图 4-14　针管笔线稿与马克笔上色 2

（2）细节上色。在主体颜色的基础上，用马克笔或者彩色铅笔绘制出景观空间的细节部分，如人物、植物等。细节绘制时要注意表现空间的真实感和生动感。

3．色彩调整

（1）色彩饱和度调整。根据画面的整体效果调整色彩的饱和度，使画面色彩更加鲜明或者更加柔和。调整时要注意色彩的对比和调和关系。

（2）色彩冷暖调整。根据画面的整体效果调整色彩的冷暖关系，使画面色彩更加丰富和生动。调整时要注意色彩的温度感和氛围感。人视效果图的色调如图 4–15 所示。

图 4–15　人视效果图的色调

4．光影完善

（1）光影明暗调整。根据画面的整体效果调整光影的明暗关系，使画面光影效果更加自然和生动。调整时要注意光影的对比和过渡关系。

（2）光影细节表现。在光影明暗调整的基础上，进一步细化光影的细节，如反光、投影等。细节的表现可以增强画面的立体感和真实感。人视效果图的光影如图 4–16 所示。

图 4–16　人视效果图的光影

5．画面完善

（1）纹理和质感表现。根据画面的需求，用马克笔或者彩色铅笔绘制出景观空间的纹理和质感，如铺装的质感、植物的纹理等。纹理和质感的表现在一定程度上可以增强画面的真实感。

（2）画面细节完善。在上述基础上，进一步细化画面的细节，如人物的动作、树木枝叶等。细节的完善可以使画面更加生动有趣。

第三节　鸟瞰效果图的表现

一、景观与规划手绘鸟瞰效果图的作用

鸟瞰图通常以俯瞰视角展示，使观者能够直观地了解项目的设计效果。手绘鸟瞰效果图是景观与规划方案设计中常见的一种设计思维表达方式，可以生动地表现出景观与规划设计项目的整体风貌、空间布局、地形地貌、植被绿化等，从而使设计师能够全面地把握设计的整体布局和规模。对于设计师而言，还可以更清晰地发现设计中

可能存在的缺陷或不协调之处，如功能分区是否合理、交通流线是否顺畅等，以便及时进行调整和优化，提升设计质量。可以说，手绘鸟瞰图的过程本身也是设计师思考和创意的过程。因此，手绘鸟瞰效果图是景观与规划设计中一种重要的设计思维表达方式，在景观与规划方案设计推进的过程中，已经成为不可或缺的重要内容。

二、手绘鸟瞰效果图的绘制步骤

1. 设计分析

在绘制前，要理清景观规划的总平面图结构和空间关系，具体包括区域的功能性质、路网的分级、主要建筑、场所、标志物等节点的位置与形体等。

2. 确定透视

在图纸上确定网格的透视关系，划分网格，确定基本的位置关系。这里要注意两点：一是视点的位置。视点越低，透视变形越强烈，场地越扁平；视点越高，透视变形越微弱，场地越接近平面图。二是两点透视规律。要注意消失点位置，所有线条都应遵循两点透视规律。

3. 元素定位

根据总平面图用铅笔画出网格定位，在网格中定位出场地红线、主要道路、次要道路、游步道、建筑物与构筑物、场地节点等的位置关系。事实上，不论规划场地的形状是否规则，网格辅助定位都同样适用于规划场地中相关设计内容的确定。

4. 确定位置

在总平面图绘制完成后，进行规划用地网格的划分，根据场地大小和个人情况，确定网格的数量，一般为九宫格，狭长的场地可以适量增加网格数量。将场地进行规则的分隔定位，以确定建筑、广场、道路等空间设计元素的位置。

5. 立体生成

依据基地比例，将建筑物和构筑物生成立体形态。一般以透视中的空间定位为基准，按照建筑等物体的高度，逐步往上拉伸出立体形态。需要注意的是应从图面视线的最前面，即透视中的近景往后逐一拉伸出建筑等的立体形态，并需要注意前面物体对后面物体的遮挡效果。这个阶段的建筑细节可以遵循透视原则中的近实远虚关系，有取舍地表现。

6．植物围合

植物围合可以先用铅笔打草稿，然后再上墨线，但不需要过于细致，区分出孤植、散植、列植和树云即可。这里要注意的是，树一定要画直，很多初学者坐着画图，经常不知不觉地就把树木画倾斜了，直到画完才意识到。为了防止这个意外出现，常用的方法就是先画几条垂直参考线或时常站起来看看，确定没有问题后再继续画。

7．铺装细部

添加景柱、雕塑、小品构筑、铺装、道路双线、建筑屋顶“女儿墙”和台阶扶手等细部以丰富画面。这里要注意，图中的重要场地和元素应着重绘制，以表现出细致的图面；而其他较为次要或边缘的场地和元素则用简洁的方式绘制，以烘托重点，节约时间。要画出主要铺装样式，主要铺装线条也需遵守透视规则。

8．添加投影

投影是让鸟瞰图“立”起来的关键。投影的绘制除了要依照设计元素的形状绘制之外，还需要注意以下两点：一是光源要一致，确定有且只有一个光源，初学者可以在画面左上角用铅笔画一个小小的箭头；二是软、硬质要区分，植物的投影一般是圆形或椭圆形，而建筑、构筑则要求有棱有角，从投影上区分软、硬质。

案例设计过程如图 4–17 所示。

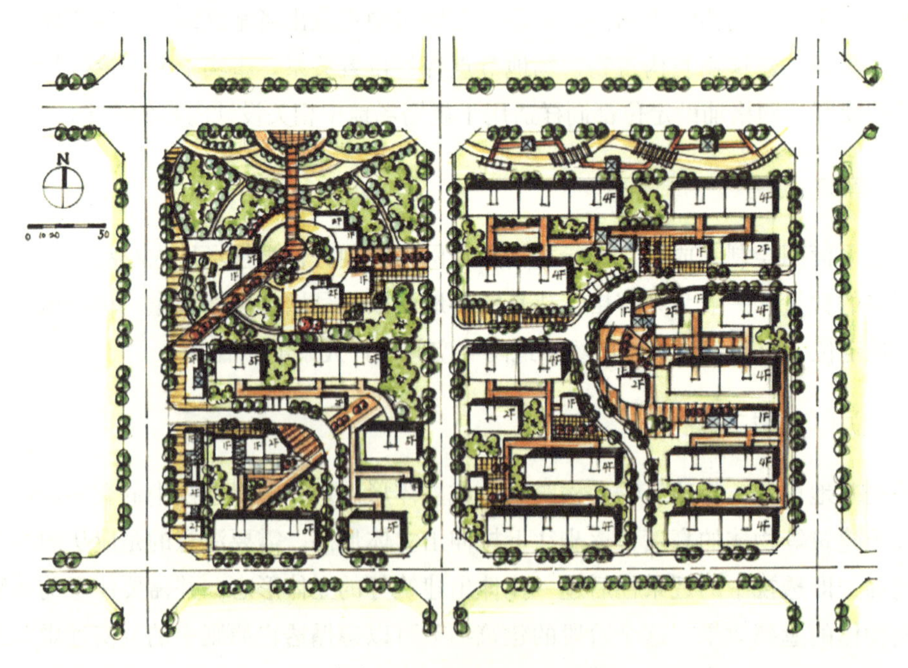

（a）总平面图的设计分析

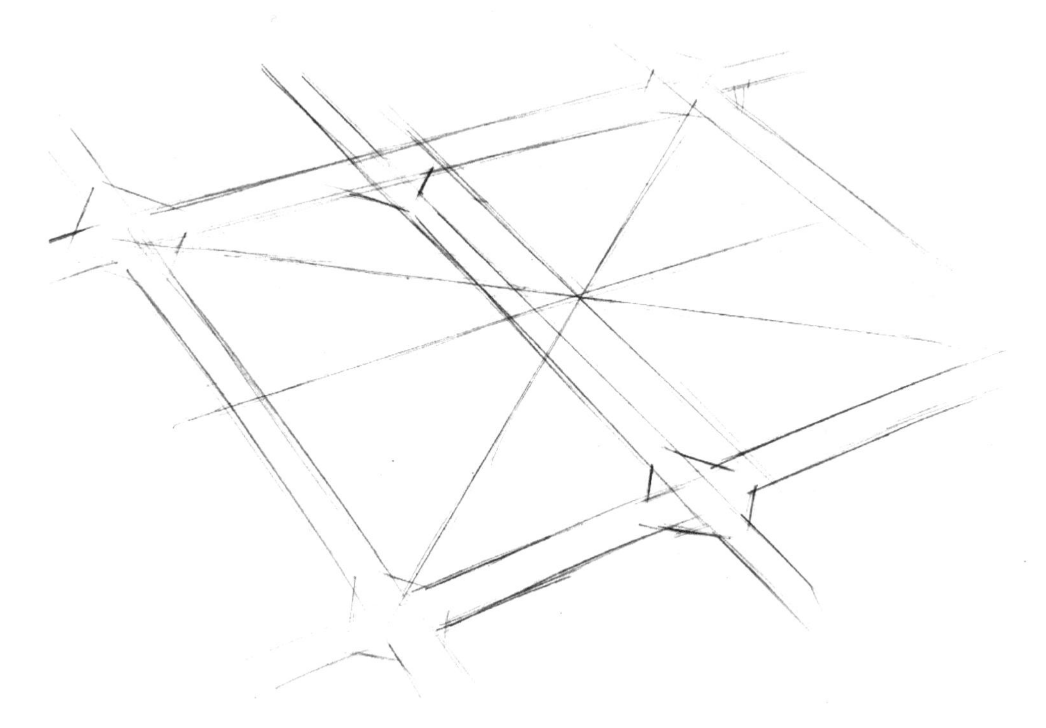

（b）确定透视关系

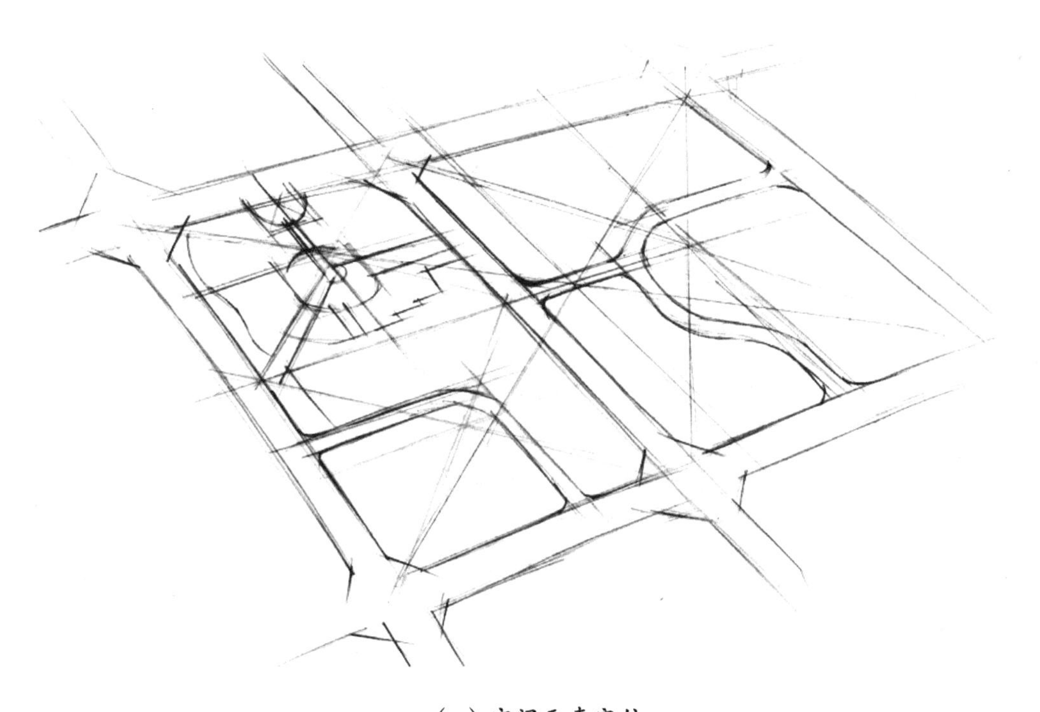

（c）空间元素定位

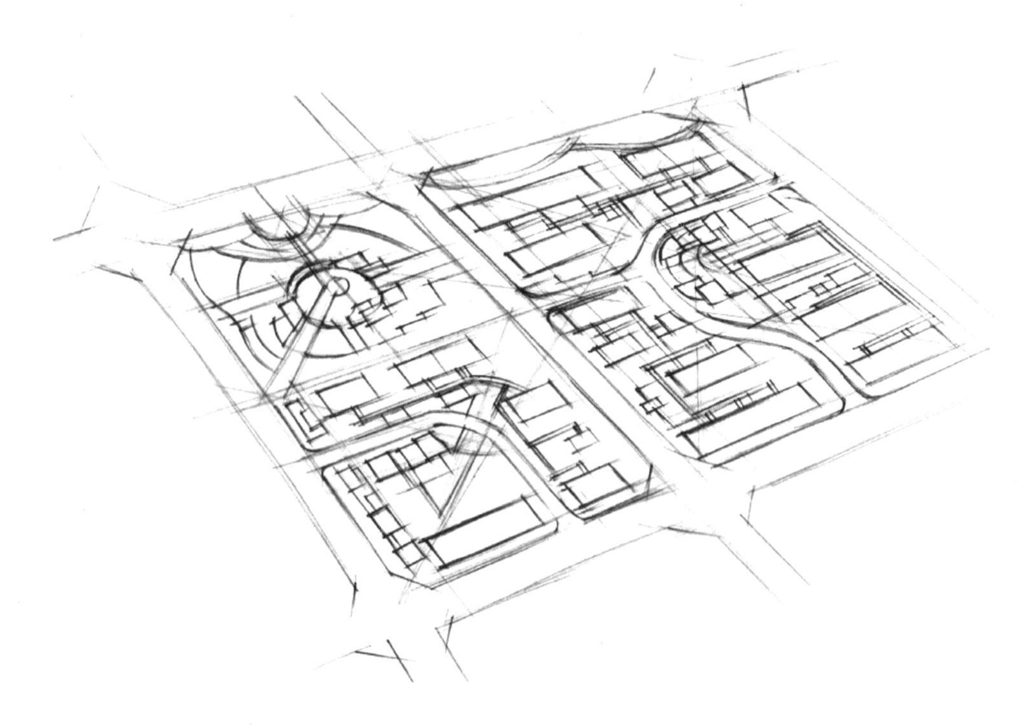

（d）确定元素位置

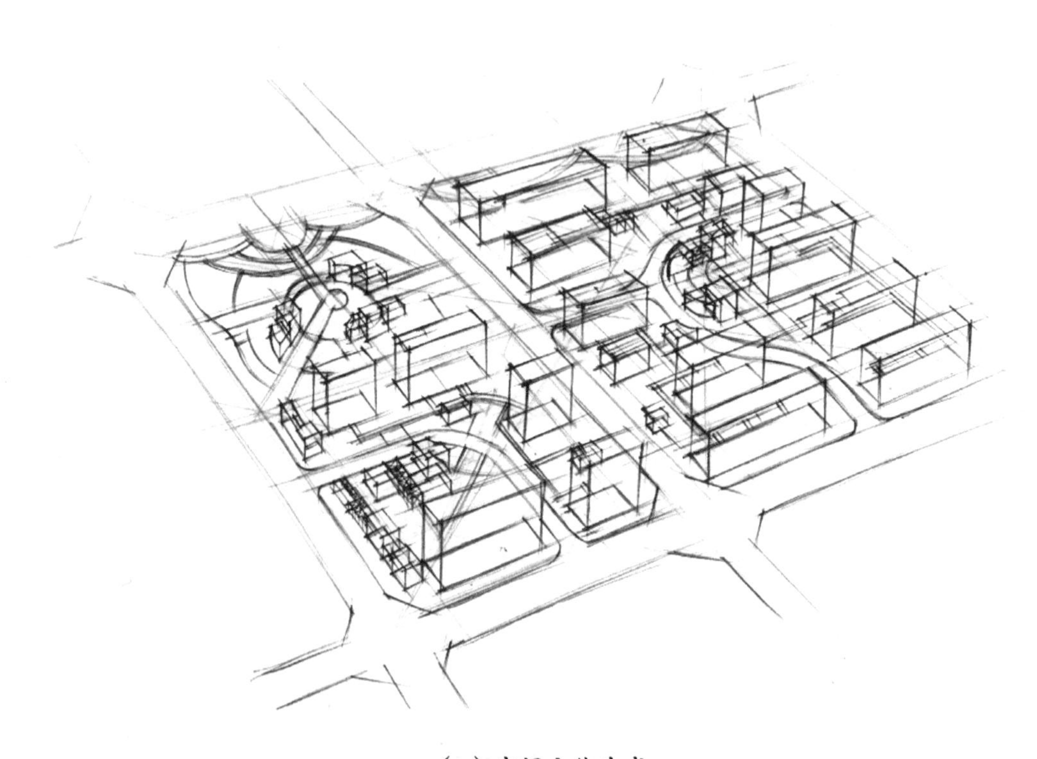

（e）空间立体生成

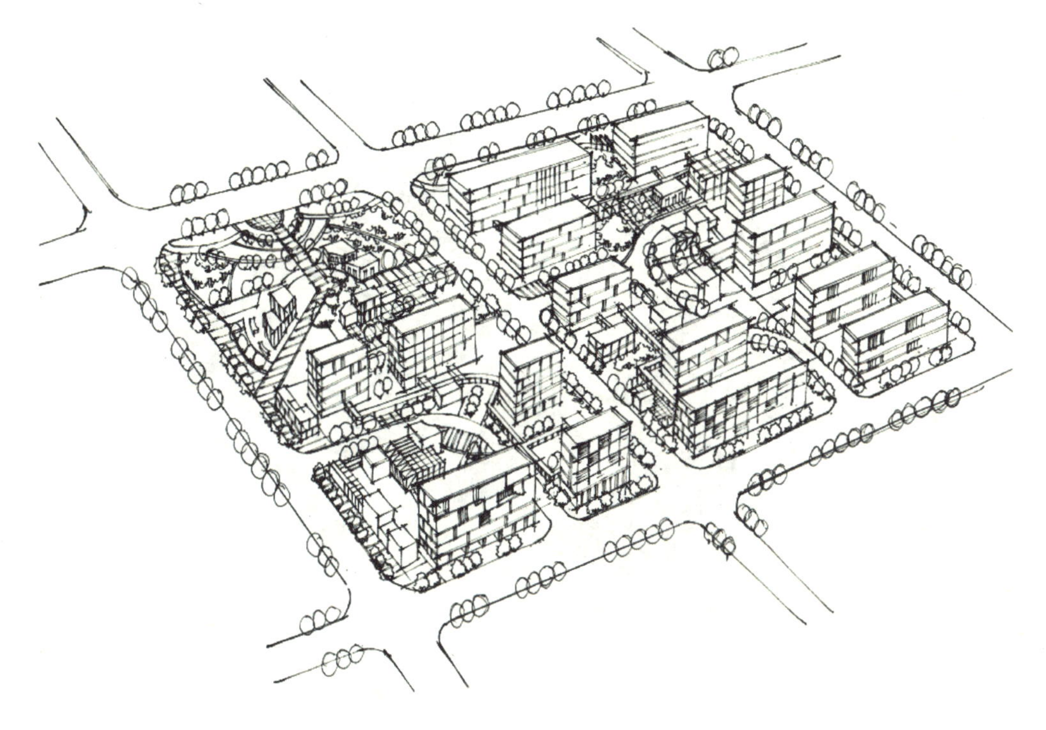

（f）添加植物围合

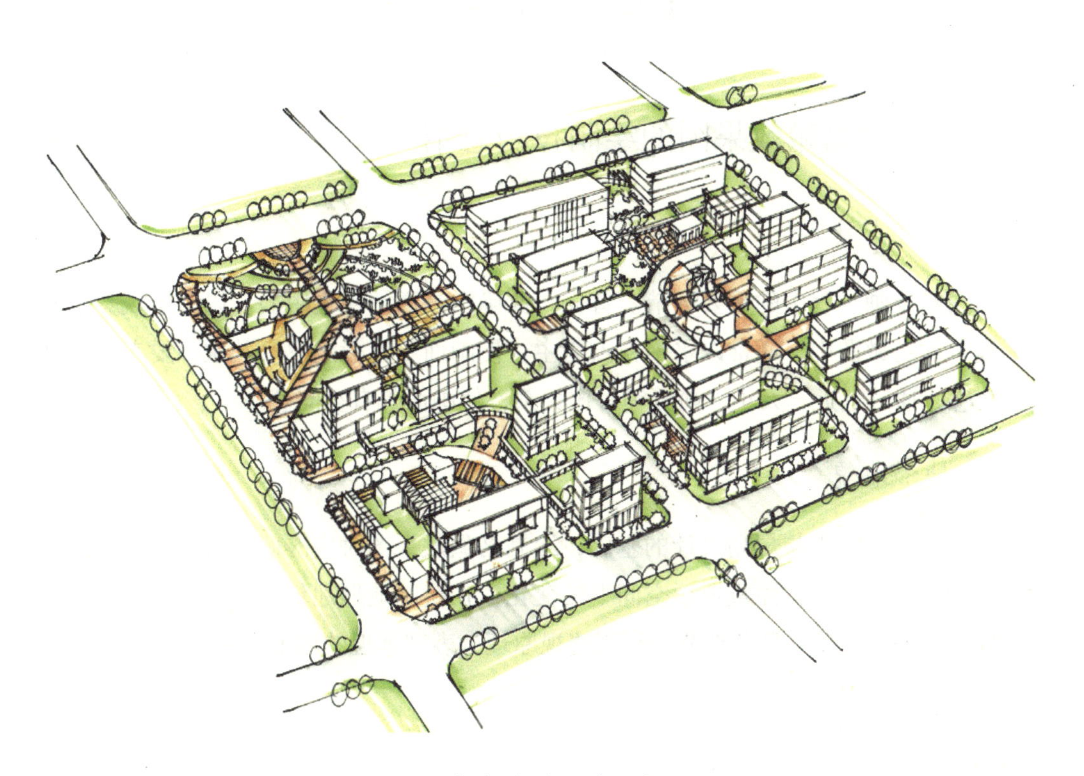

（g）完善铺装细部

（h）添加建筑树木投影

图 4–17 案例设计过程

三、手绘鸟瞰效果图的绘制技巧总结

1．构图与比例

构图是绘画过程中的重要环节。首先，要确定画面的视觉中心，以确定观察点和视平线。在鸟瞰图中，通常以水平视点为主，使画面更具稳定感。其次，要考虑画面的层次感，通过远近、大小、前后等对比关系，使画面具有空间感。

2．地形地貌

地形地貌是景观与规划设计的基础，绘制鸟瞰效果图时应准确表现地形变化，注意高程的过渡和起伏，注重地形空间上的变化。在绘制地形地貌时，要根据地貌特点进行概括和提炼，简化复杂细节，利用透视原理，表现远近的地形变化。

3．植被绿化

植被绿化是鸟瞰图中不可或缺的元素，它既可以美化画面，又能表现季节和地域特点。在绘制植被时，要根据植被类型和生长环境进行概括和提炼，如树木、草地、花卉等，同时要注意植物的分布和形态。

4．建筑与设施

建筑与设施是鸟瞰图中的重要元素，可以通过建筑的形状、结构和材质等来表现不同的地域和文化特点。绘制鸟瞰效果图时，不仅应准确表现建筑的形状、色彩、材质等特征，还要利用透视原理表现建筑的立体感和高度感。

5．水面与光影

水面与光影在手绘鸟瞰效果图中起着关键作用，它们可以为画面增添生动感和立体感。在绘制过程中，要确定光线来源，使画面具有统一的光照效果，并且利用光影关系表现水面的立体感和动态感。

6．细节处理

细节处理是提高鸟瞰效果图质量的重要环节，可以通过对地面纹理、植被细节、建筑细节等方面的描绘，使画面更加丰富和真实。在处理细节时，要根据画面需求，适当添加细节，但要避免过多繁琐的描绘。此外，还需要利用线条、色彩和纹理的对比，突出画面重点和细节的层次感，使画面具有丰富的空间关系。

四、案例赏析

通过案例赏析可以帮助我们了解手绘鸟瞰图在景观与规划设计中的重要性和应用方式，了解设计师如何考虑地形、植被、水域等要素，以及他们如何将这些要素融合到整个手绘设计表现之中，从而实现理想的设计图面效果。这对于学习和掌握景观与规划设计的方法和技巧、提高设计能力都具有重要意义。

1．古城服务中心区的景观与规划设计

该古城服务中心区的景观与规划设计手绘鸟瞰图以细腻的笔触和巧妙的色彩将建筑、景观和植物等元素有机结合，展现了富有艺术魅力的规划空间设计。

从效果图的材质表现来看，屋顶采用了仿古的灰色瓦片，与传统的建筑风格相统一，既具有现代感又展现了一种与自然和谐共生的美学观。从环境表达来看，蓝色的湖面与传统建筑形体相互辉映，曲折的自然湖岸线，增加了水域的层次感和丰富度。此外，树木、草地等植物景观隐藏于建筑组团之中，形成了场地的冷暖对比、软硬对比和高低空间对比。这种设计手绘的表现方法使鸟瞰图的画面效果丰富、生动。在色彩的选择上，采用淡雅的色调，使整个景观呈现出一种宁静、祥和的氛围。总的来说，该古城服务中心区的景观与规划设计手绘鸟瞰图通过精细准确的透视、精确的线条和明快的色彩表达出了规划空间的特有魅力。

古城服务中心区的景观与规划设计过程如图 4–18 所示。

（a）古城更新规划的总平面图

（b）鸟瞰图的初步上色

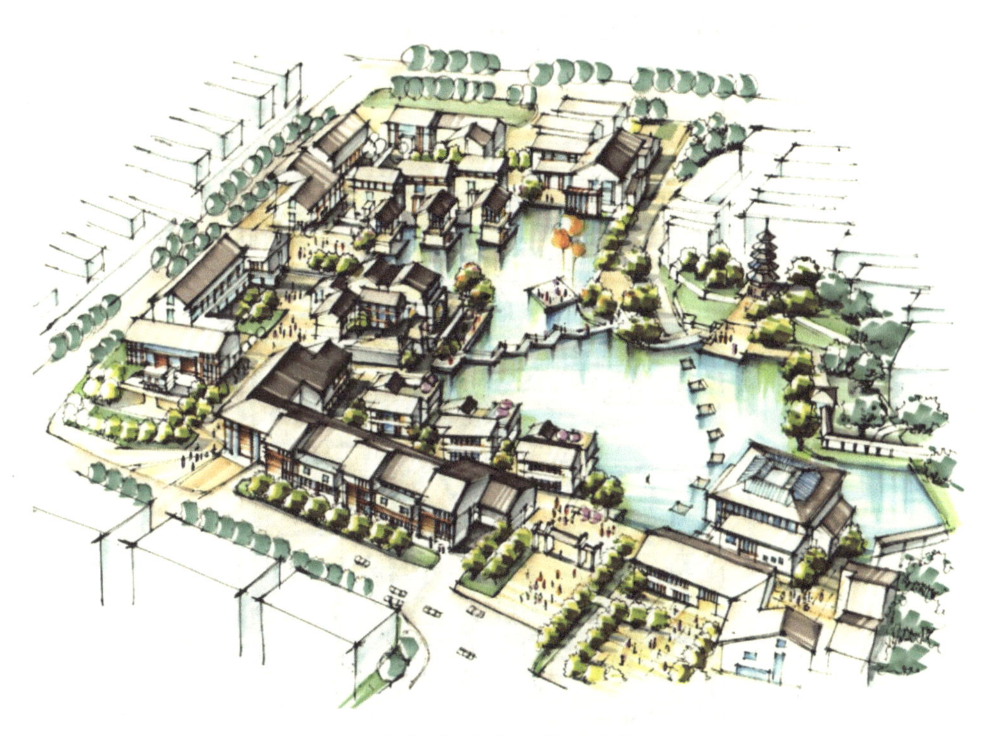

（c）鸟瞰图的最终效果

图 4-18　古城服务中心区的景观与规划设计过程

2．中学校园的景观与规划设计

该中学校园的景观与规划设计手绘鸟瞰图的特色包括以下五点。

（1）道路结构清晰。从鸟瞰图中可以看到清晰的道路结构和明确的功能分区，校园的建筑与景观空间一目了然。

（2）建筑透视合理。手绘鸟瞰图展现的建筑布局有序、建筑透视关系较好、建筑与植物等环境协调。具体来说，较好的建筑透视关系使整个校园显得更加生动有趣，建筑与植物的协调也使校园景观更加和谐。

（3）植物表现生动。鸟瞰图中的植物能够较好地衬托建筑与道路的空间形态，这些植物不仅起到了界定空间、引导视线的作用，还丰富了图面的层次效果。

（4）水面表现简洁。写意的水面表现为校园与规划设计增添了一份宁静和诗意，场地核心区域的曲线水岸使整个校园景观更加生动有趣。

（5）铺装色调和谐。规划图中的广场图面效果冷暖对比较好，这是因为暖色调的铺装让人感到温暖和舒适。因此，铺装的马克笔色彩表现给鸟瞰图带来了较好的色调对比。

总的来说，上述这些特色使得整个校园的景观与规划既实用又美观，该鸟瞰图能够较好地展现出设计者的设计思路和设计理念。

中学校园的景观与规划设计过程如图 4-19 所示。

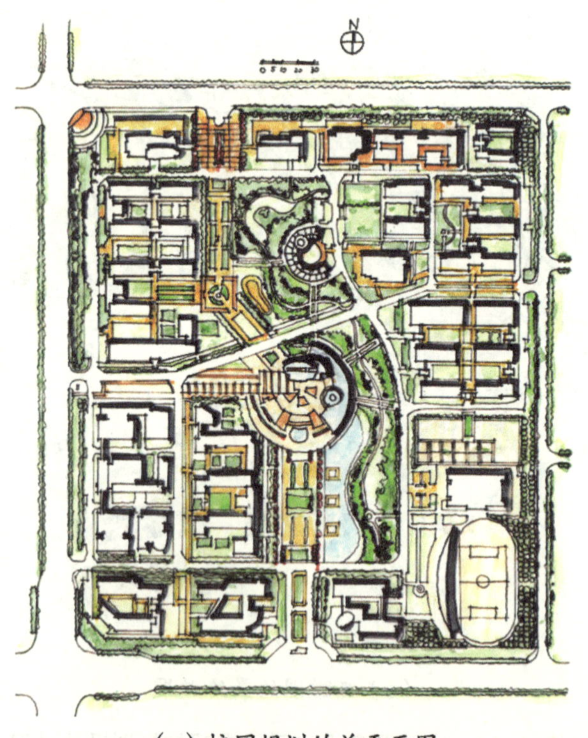

（a）校园规划的总平面图

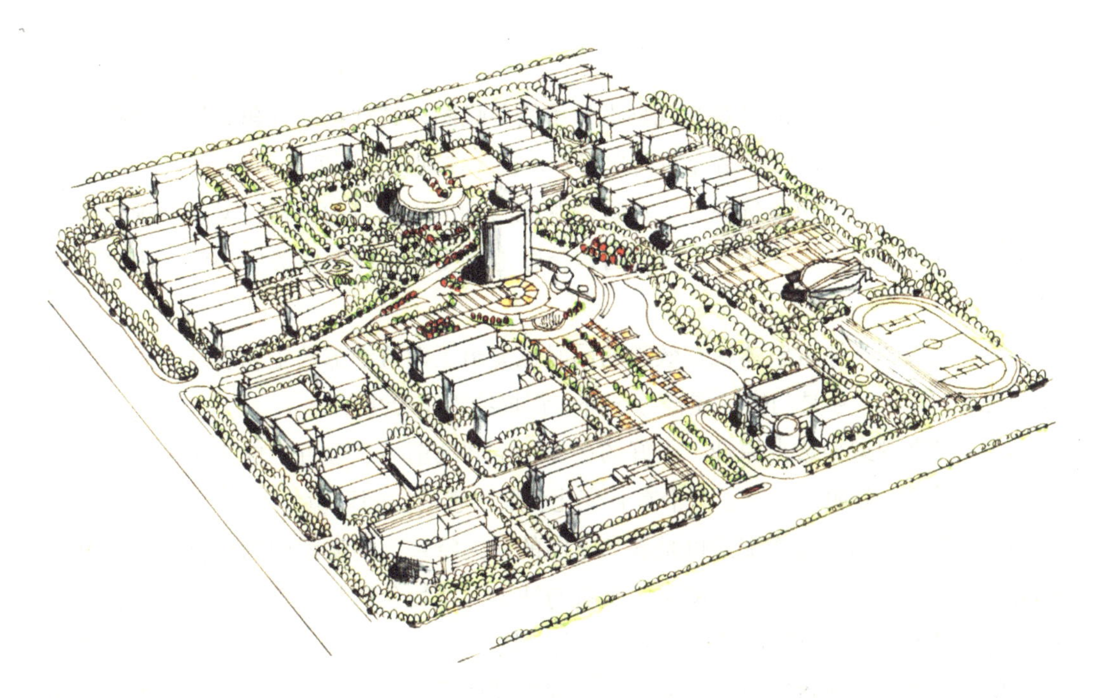

（b）鸟瞰图的初步上色

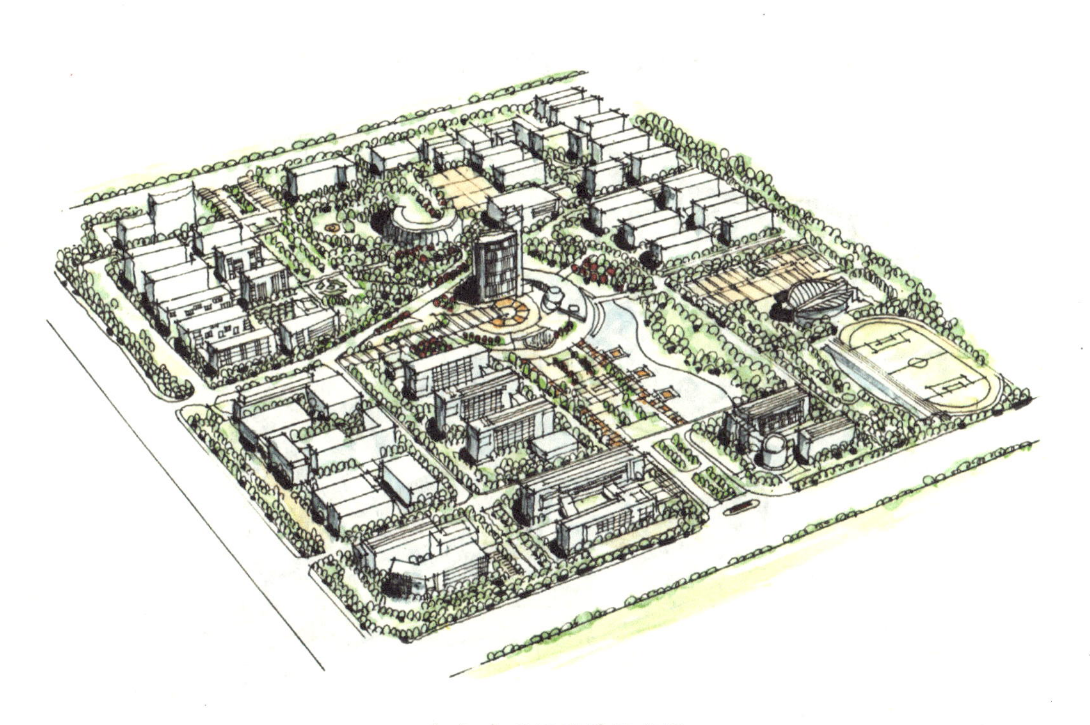

（c）鸟瞰图的最终效果

图 4-19　中学校园的景观与规划设计过程

3. 某古村落服务中心的景观与规划设计

该古村落服务中心的景观与规划设计手绘鸟瞰图以其独特的视角和细腻的描绘展现出传统建筑与现代设计相结合的美学特质，主要体现在以下四个方面。

（1）在透视图的角度选择上，鸟瞰图既能凸显传统建筑的风格，又能展现建筑规划的组合秩序。通过这一角度，观者可以清晰地感受到古村落服务中心的历史底蕴和现代气息。

（2）鸟瞰图在注重整体视觉效果的同时也突出了建筑细部的生动表现，无论是建筑的线条、形状，还是门窗、屋檐等细部，都描绘得十分生动。

（3）鸟瞰图遵循透视原理，很好的平衡了空间的前后、远近、虚实关系。画面中的空间关系层次分明，营造了一个富有变化和层次感的空间环境。

（4）简洁生动的植物配景也是该鸟瞰图的一大特色。鸟瞰图中的植物形态、色彩和质感既丰富又大气，为建筑增添了生机与活力。植物色调与建筑相互衬托、相互成就，使得整个景观空间的效果显得更加和谐自然。

总之，这幅古村落服务中心的景观与规划设计手绘鸟瞰图以其独特的视角、细腻的描绘和巧妙的布局，展现出传统与现代相结合的美学魅力，为观者呈现了一个富有诗意和生机的乡村景观。

某古村落服务中心的景观与规划设计过程如图 4-20 所示。

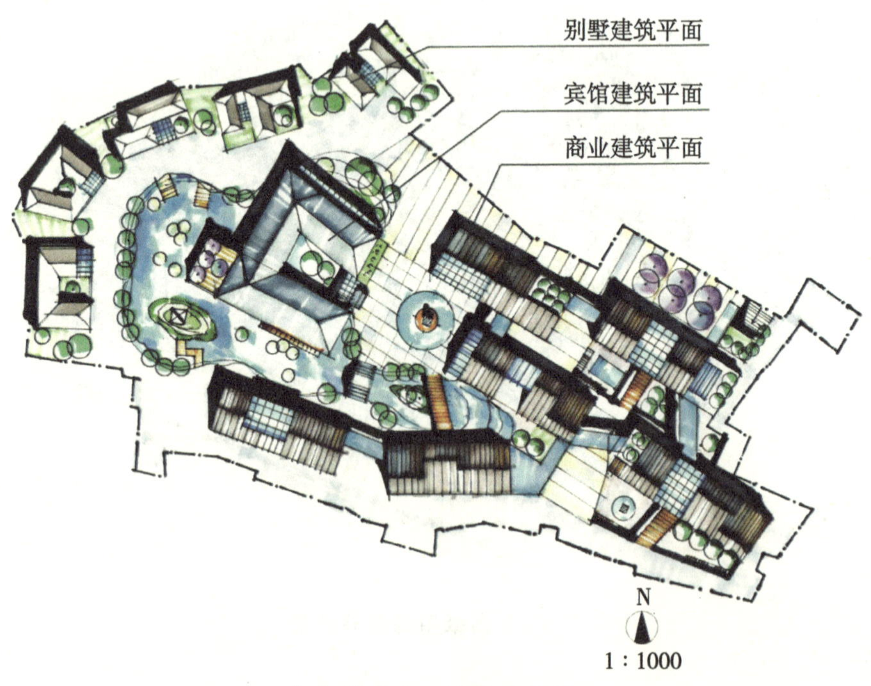

（a）服务中心的总平面图

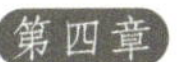

（b）鸟瞰图的初步上色

（c）鸟瞰图的最终效果

图 4-20　某古村落服务中心的景观与规划设计过程

第五章　设计案例分析与点评

第一节　规划快题设计案例的手绘表达过程分析

一、案例题目：南方某滨海旅游度假服务中心的规划设计

1．基地概况

该项目位于南方某滨海城市的海岸线上（图 5-1），定位是该市居民短期度假的城郊型旅游度假服务中心。地块南临南海，东面隔着城市公园和滨海广场为滨海小镇中心，北面将改造为岭南风情商业街区，西北为山林保护区，西面为在建酒店和规划的安置居住用地。安置居住用地主要用于安置旧村居民。地块西北面有规划主要道路连接城区中心，北部有规划次干路连接滨海小镇中心。

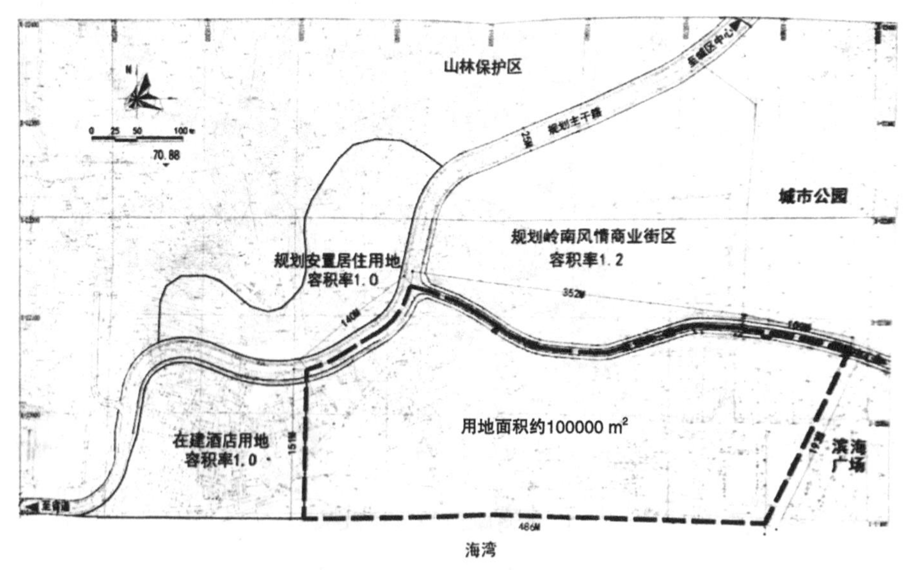

图 5-1　规划用地的地形图

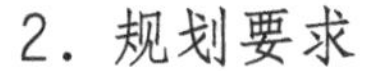

2．规划要求

请结合地块的自然环境条件和周边发展条件，合理布局基地内部的功能结构、公共开放空间体系和道路交通网络。主要技术要求如下。

（1）功能。规划应提供滨海度假娱乐、文化展示和休闲餐饮服务等功能，努力塑造成为一个城市居民周末度假的综合服务中心。

（2）开发容量。基地占地约 100000 m^2，容积率为 0.8，总建筑面积约为 80000 m^2。

（3）具体建筑项目要求见表 5–1。

表 5–1　建筑项目要求

项目	建筑面积 /10000 m^2	基本要求	停车位 / 100 m^2
海滨度假酒店	4.5	建筑限高 24 m。应包括标准客房 350 间、度假别墅 20 栋以及相应的酒店服务设施，配备室内外游泳池、网球场地等运动设施	0.2 个
民俗文化博物馆	1.5	建筑限高 20 m。应包括主展厅和 4 ～ 5 个小展厅，并配备不小于 200 m^2 的室外展览场地	0.2 个
休闲餐饮服务	2	建筑限高 15 m，提供多元化的餐饮服务空间	0.5 个
合计	8		

（4）交通。机动车停车可采用集中与分散相结合的方式，其中地面停车位不超过 20%，其余可采用半地下、地下方式设置。沿规划次干路应设置旅游区电瓶车停靠站点 2 处，自行车停车点 2 处。其余交通设施可根据设计自行确定。

（5）建筑密度、绿化率等不做硬性规定，考生可根据各自方案考虑。

（6）建筑沿规划次干路退道路红线 5 m，沿西边界退地块线 3 m，其余东、南面无退线要求，建筑间距需考虑消防、卫生等方面的要求。

3．设计内容的表达要求

（1）简要说明（500 字以内，含技术经济指标）。

（2）总平面图（比例为 1∶1000），徒手或工具绘制，要求比例正确。

（3）规划分析图，包括但不限于规划结构分析图、公共开放空间系统分析图、道路交通系统分析图等。

（4）总体鸟瞰或重点节点透视图，以反映方案特征为目的。

（5）图纸规格：A2，张数不限。

二、案例成果的绘制过程分析

1．总平面图的表现步骤

（1）步骤一：铅笔稿轮廓。这个阶段绘图，一是需要确定方案的主次入口和主要的道路系统，以保证整个交通规划的流畅和便捷。二是基于建筑体块的形态组合需要考虑规划的整体结构关系，以保证整个规划功能分区的完整性和有序性。在这个阶段，要先用铅笔勾勒出建筑、道路、铺装范围的轮廓，做到从宏观的角度对整个设计有一个清晰的认识和把握。这个阶段的工作是整个设计过程的基础，它会为后续的设计工作提供方向和参考。铅笔稿轮廓如图 5–2 所示。

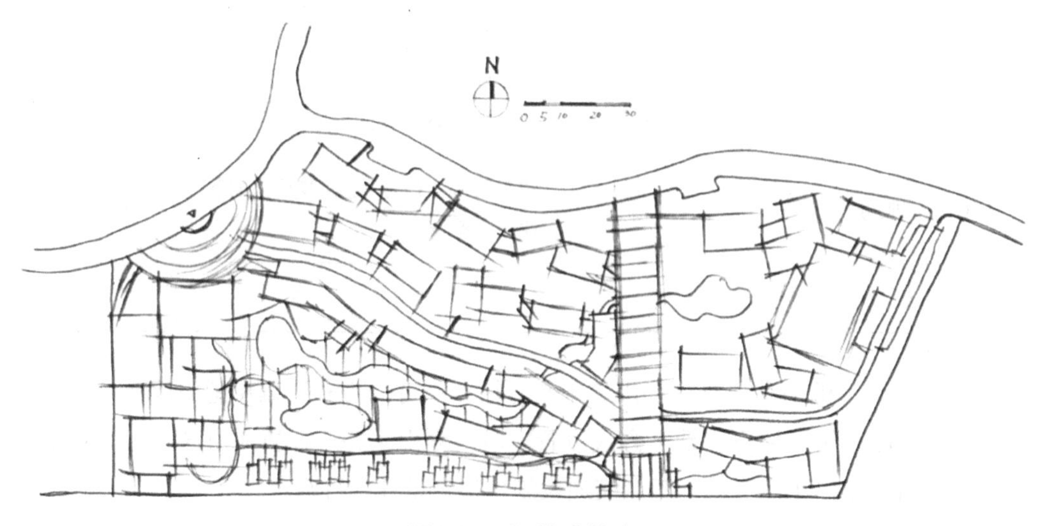

图 5–2　铅笔稿轮廓

（1）步骤二：铅笔稿深化。这是对总平面进行详细推敲的阶段，如深化道路设计，包括主次入口的位置和布局确定、道路连接关系的展现等。同时，需要对建筑的基本形态和组成方式进行深化，包括建筑具体的平面形态、布局方位朝向等。此外，还需要对种植设计进行深化，主要包括行道树的布局和排列方式等。这个阶段需要确保设计指标与图面表达的准确性。铅笔稿深化如图 5–3 所示。

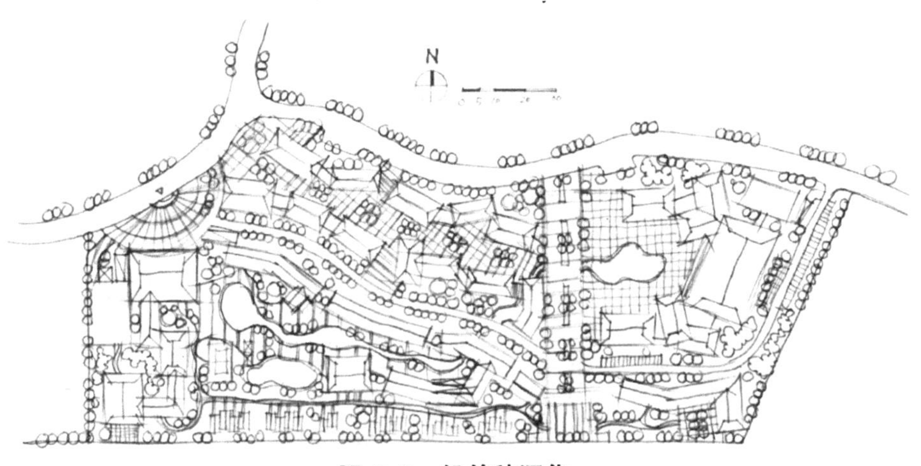

图 5-3　铅笔稿深化

（3）步骤三：针管笔刻画。这个阶段要注意线条运用的章法和逻辑，应特别注意总平面图中的线型区分。一般来说，建筑的轮廓最粗，其次为主要道路，铺装及绿化丛较细。同时，应该注意线条刻画时的先后顺序，以完整、流畅的线条来保证总平面图的清晰度和可读性。此外，在刻画过程中，还需要特别注意标注主次入口、比例尺、指北针等基本图面元素，以确保图形的完整性和准确性。针管笔刻画如图 5-4 所示。

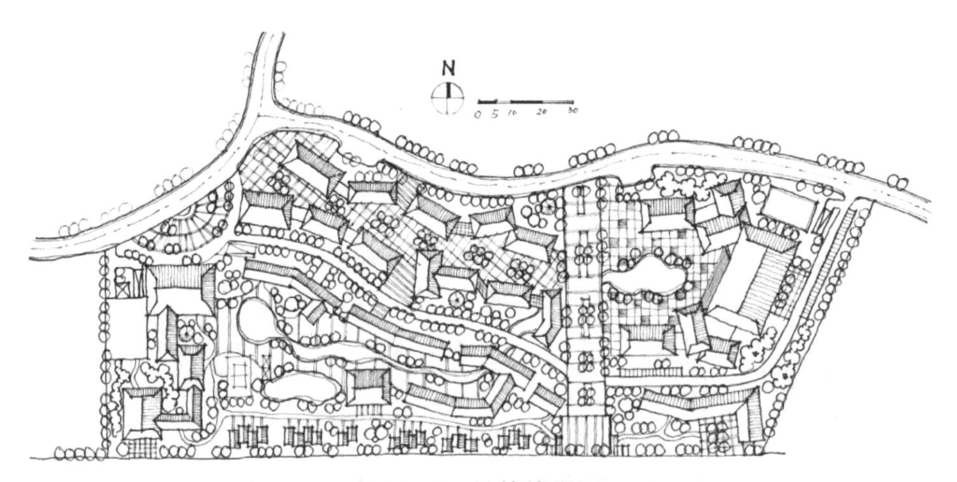

图 5-4　针管笔刻画

（4）步骤四：马克笔上色。在使用马克笔上色时，笔触应遵循统一的方向，保证方向的一致性，这样做能使画面更加整洁。在常见的色彩搭配中，草地一般使用浅绿色，树丛采用深绿色，建筑通常选用灰色，而铺装则使用暖色，以增加温暖与舒适的感觉。道路一般留白，这样做既可以表现出道路的干净与开阔，也能与其他颜色形成鲜明对比。总平面图的颜色还应注重明度上的协调，避免出现过于强烈的对比，这样做有利于保持画面的和谐统一。马克笔上色如图 5-5 所示。

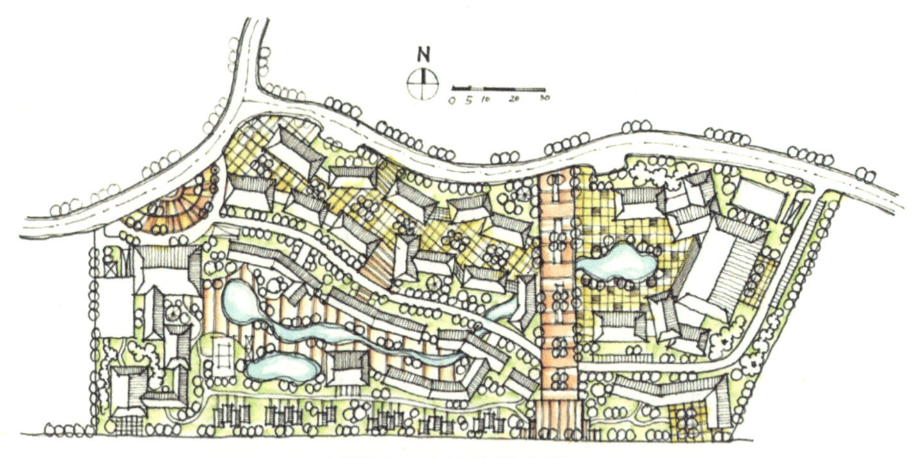

图 5-5 马克笔上色

（5）步骤五：深化地面构成元素的细节，统一植物与建筑的色彩关系。这一步骤的关键在于对细节的精细化处理和对植物色彩关系的调整。对于地面构成元素，需要注意其质感和形状的细节表现。对于植物色彩关系，需要注意不同植物之间的色彩搭配和过渡，通过对植物色彩的饱和度和亮度进行调整，使画面更加丰富、和谐。深化元素细节和统一色彩关系如图 5-6 所示。

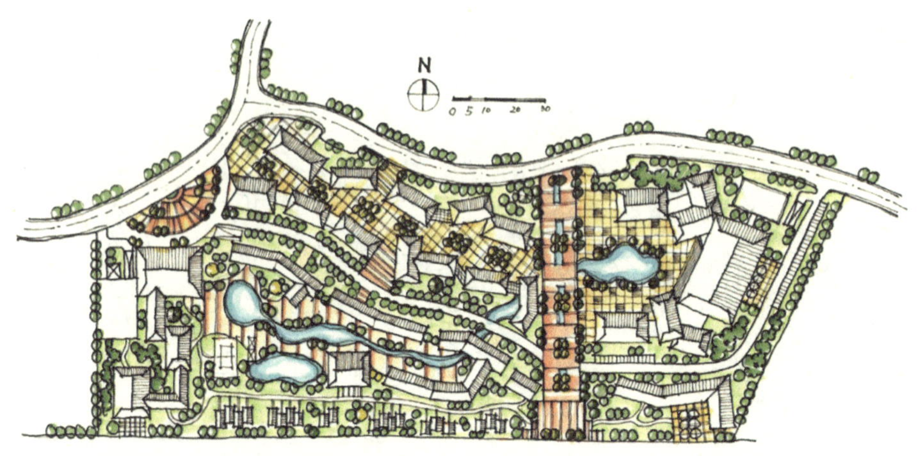

图 5-6 深化地面构成元素的细节，统一植物与建筑的色彩关系

（6）步骤六：添加投影，完善细节。一是添加建筑、树木等设计元素的投影。这不仅能够增强图面的立体感，还能够通过投影表现出建筑和自然环境之间的空间关系。二是对建筑屋顶、铺装细节等设计元素进行完善。这些细节的处理能够丰富图面的层次感。三是完善基地外环境信息，包括基地外道路、用地情况等。这些信息的补充能够使设计者更好地理解基地周围的环境，为后续的设计工作提供依据。四是补充图面细节，如总平面图中的补充说明文字、建筑名称、指北针、比例尺等。这些信息能使

观者更快速地理解设计内容。添加投影和完善细节如图 5-7 所示。

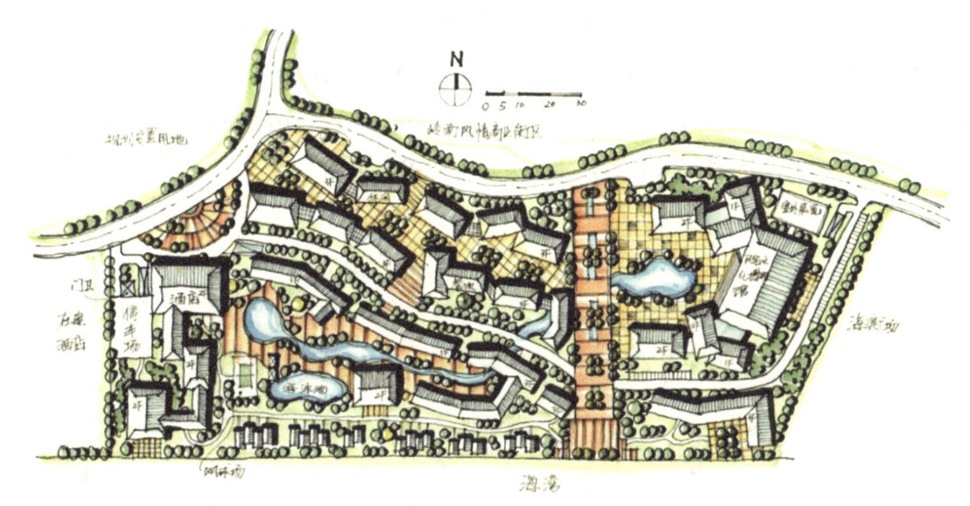

图 5-7　添加投影，完善细节

2．鸟瞰图的表现步骤

（1）步骤一：建立透视形状。这是总平面图向立体图转换的关键起点。首先，必须选取一个恰当的观察视角，根据平面图的比例，大致勾勒出基地的透视形状，这是对基地整体布局的一个初步把握。在这一步骤中，可以先运用对角线等分的方法，将基地分割成几个部分，然后再将总平面图中主要的建筑、道路、广场、水面、大草地等元素置于透视的等分网格中，以求取在总平面图中的大致位置。其次，根据这些元素的具体位置，遵循近大远小的空间透视原则，逐步描绘出初步的基底形态。这一步骤是将平面图中的元素以透视的形式呈现出来的过程，是整个立体图构建的基础。建立透视形状如图 5-8 所示。

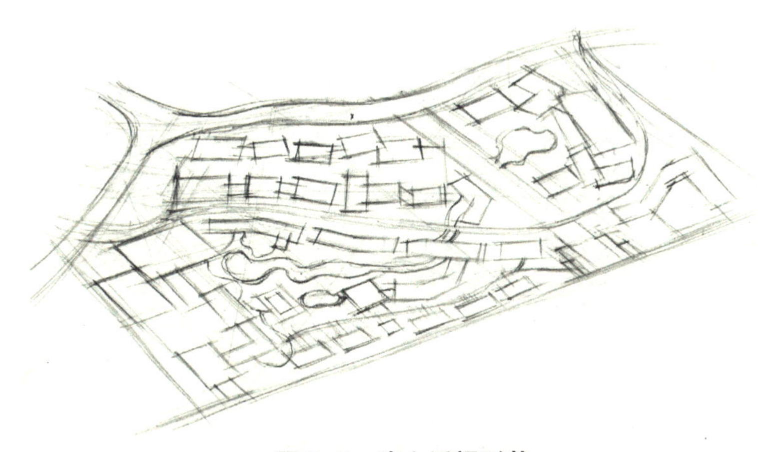

图 5-8　建立透视形状

（2）步骤二：从平面到立体的转换。在这一步骤中，要确定建筑、道路等设计内容在透视网格中的具体位置，以及建筑与道路、广场等规划空间的前后遮挡关系。同时，根据建筑平面形状和楼层高度的关系，按照相应的比例逐步升高建筑，以产生立体的效果。这一步骤不仅需要对透视原理有深入的理解，还需要对建筑和规划空间的关系有细致的考虑。从平面到立体的转换如图 5-9 所示。

图 5-9　从平面到立体的转换

（3）步骤三：针管笔刻画。在用针管笔进行详细刻画时，首先，需要注意线条的粗细关系以及整体的虚实对比。粗线条可以让画面更具力量感，而细线条则可以让画面更具细腻感。其次，需要重点关注建筑外立面的细节刻画，包括建筑的窗户、屋顶等部分的细致描绘，使建筑更具立体感和真实感。最后，还需要对鸟瞰图的视线焦点和视觉中心做重点刻画，使图面虚实有序。针管笔刻画如图 5-10 所示。

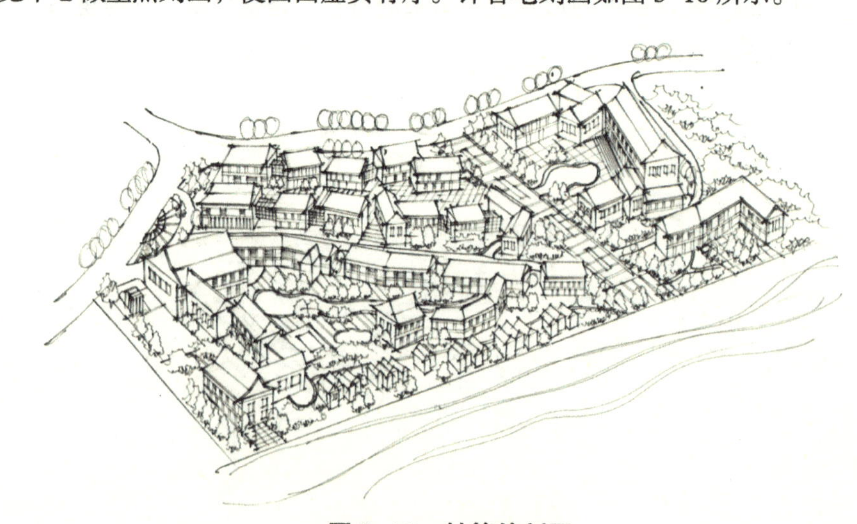

图 5-10　针管笔刻画

（4）步骤四：马克笔上色。首先，应先从地面开始上色，再逐步过渡到建筑物体。这样的顺序有助于保持画面的整体感和层次感。其次，应先上淡色，后上重色，避免花哨和杂乱无章。最后，还需要注重整体与局部的关系，先整体上色，再进行局部细节的描绘。总的来说，在使用马克笔上色过程中，需要注重顺序、层次和整体感，以呈现出既明快又和谐的色彩效果。马克笔上色如图 5-11 所示。

图 5-11　马克笔上色

（5）步骤五：马克笔整体细节刻画。一是通过马克笔的不同笔触和颜色深浅来表现不同材料的质感。二是注意色彩的冷暖关系对比，因为通过对比冷色和暖色，可以创造出一种视觉冲击力。三是通过画面的明暗关系对比，营造出空间的层次感和立体感。四是注意空间远近的虚实对比，因为通过对比远近的物体，可以创造出一种空间感，使画面更加具有深度。马克笔整体细节刻画如图 5-12 所示。

图 5-12　马克笔整体细节刻画

（6）步骤六：调整并完善画面效果。首先，要突出视觉中心，加强图面对比效果。其次，需要对视线焦点中的建筑背光部和投影进行重点刻画，营造出光影效果，使画面更加生动。最后，需要完善周边景观环境的表达。完善的画面效果如图 5-13 所示。

图 5-13　完善的画面效果

3．分析图的手绘示例

根据题意确定要表达的分析图类型。绘制的分析图要一目了然、结构清晰，利用相应分析图符号，分解说明设计思路。分析图面积不宜过大，先画出平面地形的大致轮廓，再画出对应的分析图即可。分析图色彩应明快、易分辨，线性粗细要区分，适当增加线条投影效果会更好。手绘分析图如图 5-14、图 5-15 所示。

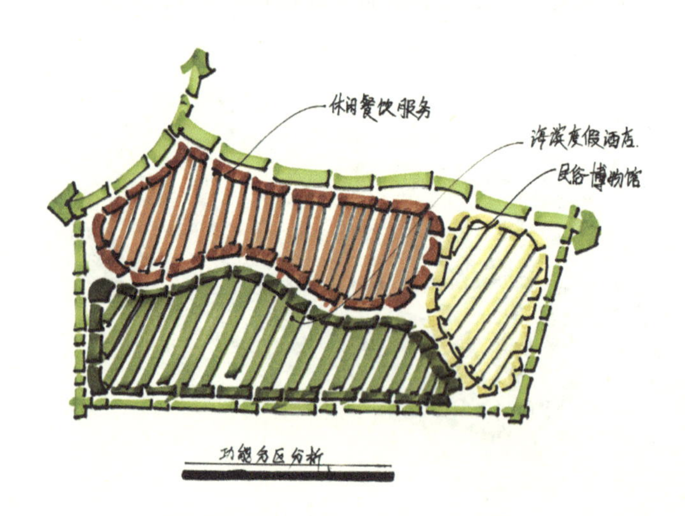

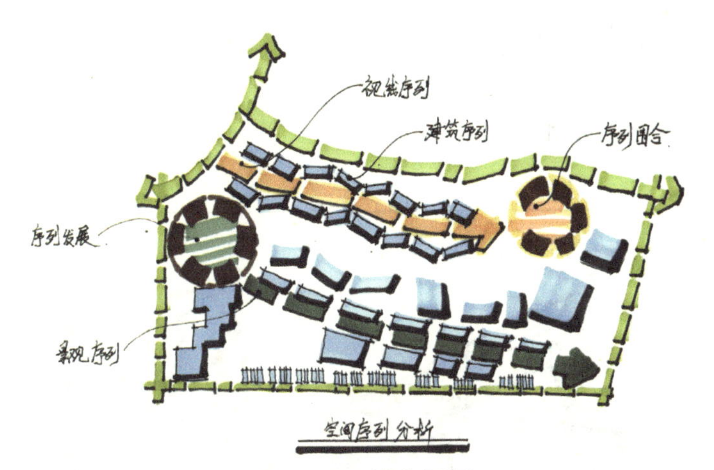

图 5-14　手绘分析图 1

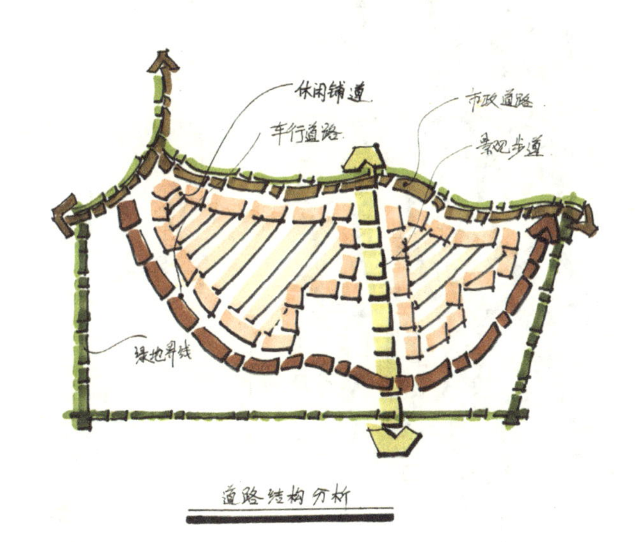

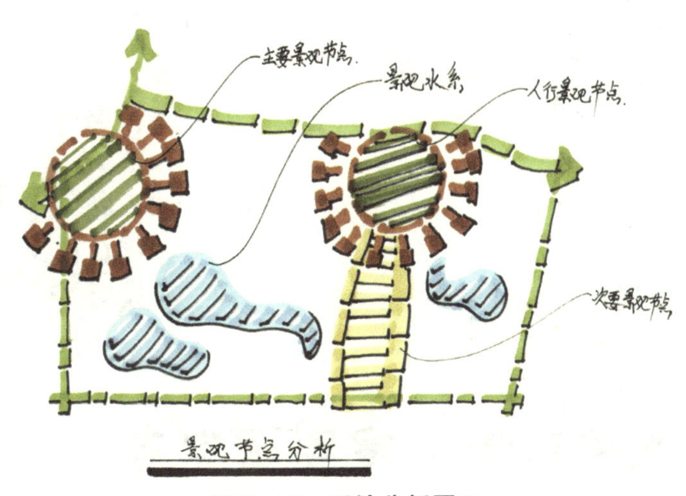

图 5-15　手绘分析图 2

三、案例成果的展示

快速设计成果的展示如图 5-16 所示。

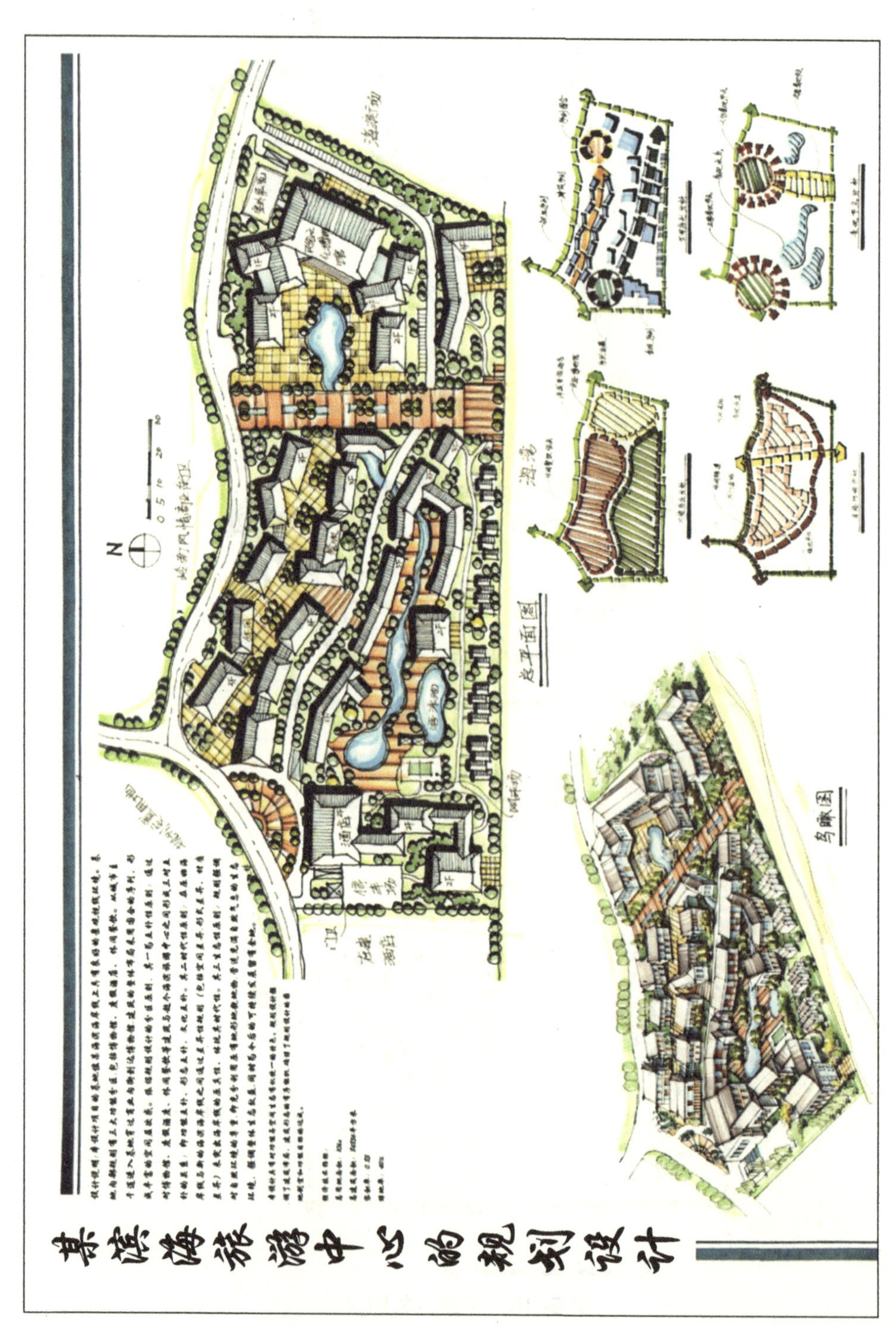

图 5-16 快速设计成果的展示

第二节 校园规划的快题设计案例评析

一、案例题目：某职业中专校园的规划设计

1．基地条件

南方某城市拟在高新技术园区内新建一所职业中专，学校规划用地为 154000 m^2。地块北面、西面临城市道路，南侧邻山（山高约 150 m，山顶处有一古塔为市级文物保护单位），东侧与筹建的园区科技孵化中心相邻。该用地现状条件较好，地势平坦，内有几处水塘。基地现状如图 5-17 所示。根据建设内容和规划要求，提出功能布局合理、结构清晰、形式活泼、环境友好的校园规划设计方案。

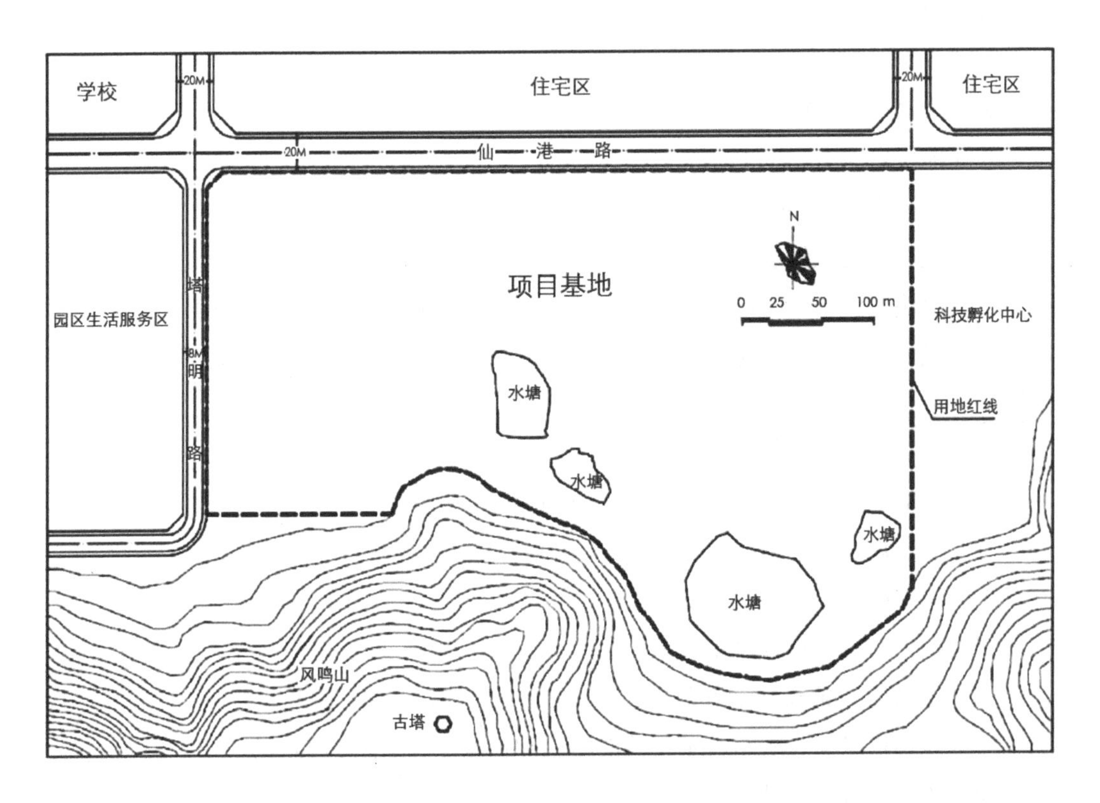

图 5-17 基地现状

2．建设主要项目内容

（1）教学楼：约 16000 m^2。

（2）图书馆（含信息中心）：约 8000 m^2。

（3）实训楼（实践训练基地）：约 8000 m^2。

（4）行政楼（校、系办公）：约 6000 m^2。

（5）学生宿舍：约 200000 m^2。

（6）风雨操场：约 5000 m^2。

（7）食堂：约 4000 m^2。

（8）单身教师公寓：约 1500 m^2。

（9）其他生活及附属用房：约 6000 m^2。

（10）体育场地：一个 400 m 标准体育场、10 个蓝（排）球场。

3．规划设计要求

（1）地块综合控制指标为：

①容积率≤ 0.55。

②建筑密度≤ 30%。

③绿地率≥ 50%。

④建筑高度≤ 24 m。

⑤建筑后退用地红线 5 m。

（2）地块内设置地面停车位 80 个左右，其他为地下停车位。

（3）规划地块内水塘应尽量保留，但可以根据设计者的意图适当改造与整治。

4．设计成果要求

（1）图纸尺寸为标准 A1（841 mm × 594 mm）大小。

（2）校园规划总平面图（比例为 1∶1000）要求表示出：

①建筑平面形态、平面、内容。

②人行、车行道路及停车场地。

③室外场地、绿地及环境布置。

（3）规划构思与分析图若干（功能结构和道路交通分析为必须）。

（4）整体鸟瞰图或轴测图。

（5）简要文字说明（不超过 200 字）。

（6）主要技术经济指标。

5. 时间6小时

6. 手绘规划设计成果

手绘规划设计成果如图5-18至图5-20所示。

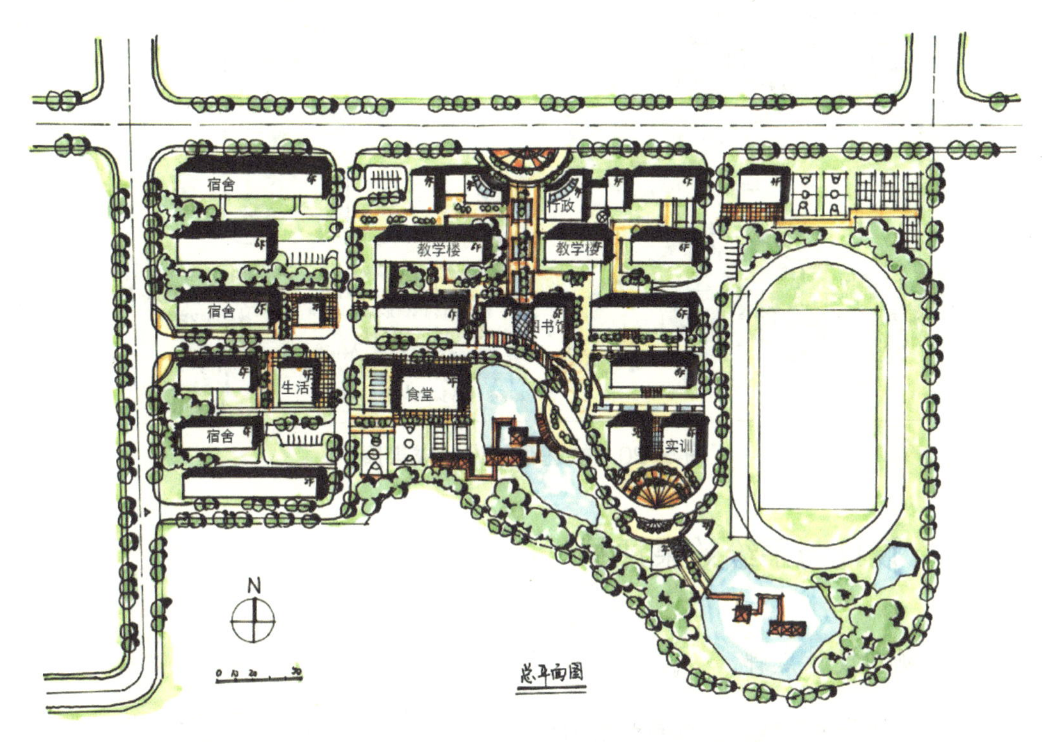

图5-18 手绘总平面图设计表现

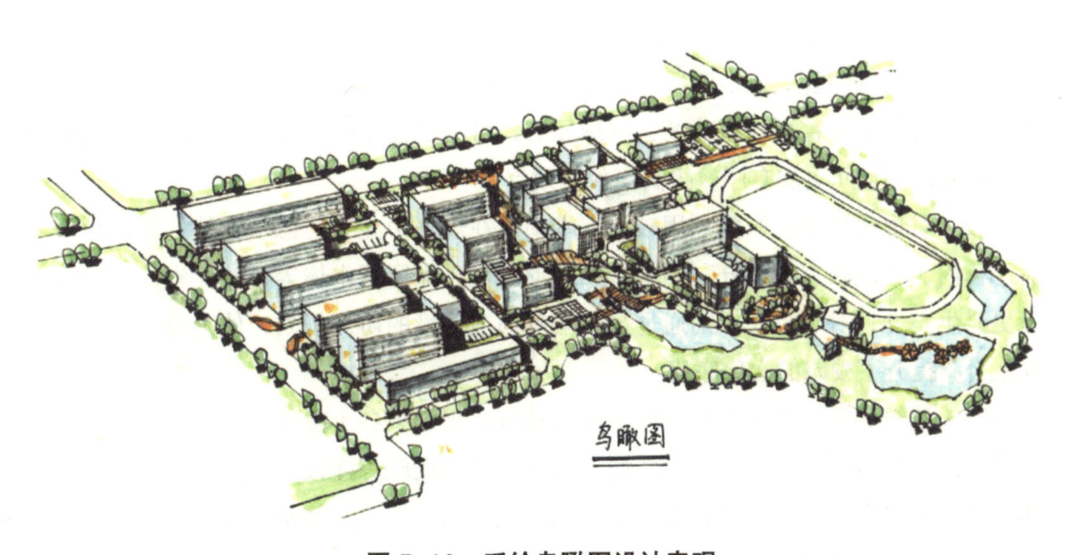

图5-19 手绘鸟瞰图设计表现

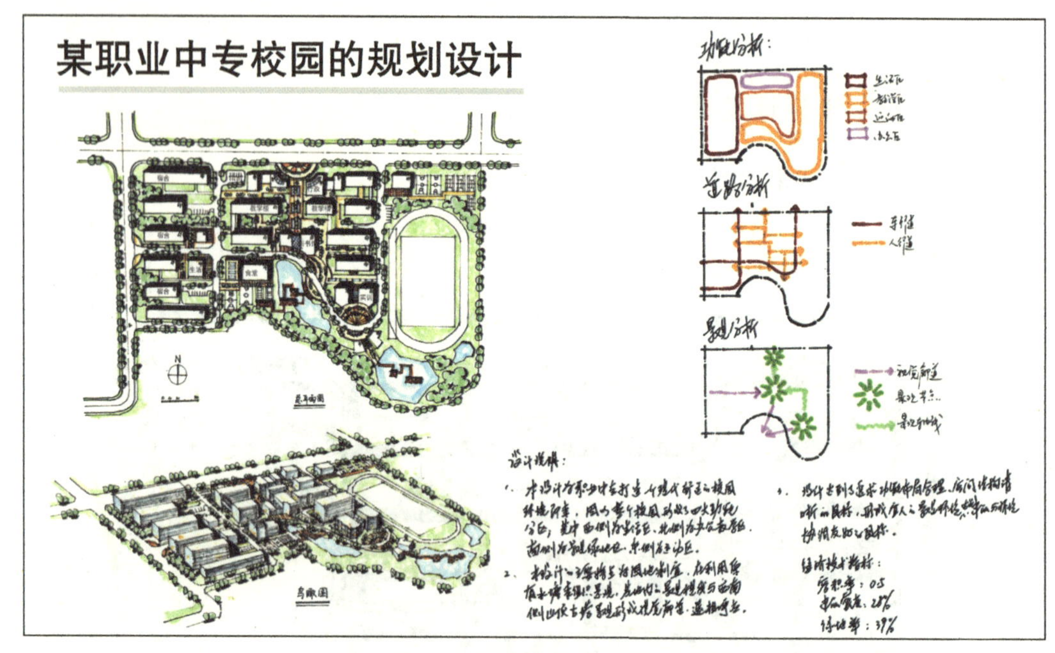

图 5-20　快速手绘设计成果展示

二、设计与手绘效果评析

1．规划设计点评

（1）功能分区明确。在校园规划设计中，功能分区是一个重要的考虑因素。该设计将校园划分为教学区、生活区和运动区，有利于提高校园空间的利用效率，满足不同的功能需求。教学区集中设置教学校、行政办公楼、实训楼和图书馆等建筑，便于师生学习、科研和管理；生活区主要包括学生宿舍、食堂等设施，为师生提供生活服务；运动区包括体育场、篮球场、网球场等，可满足师生的体育活动需求。明确的功能分区使校园空间更加有序，提高了使用效率。

（2）对现状环境的保护利用较好。本项目在规划中充分考虑了内外的协调利用。对于校内，因地制宜，充分利用现有的地形地貌，保留了水体等自然元素，使校园环境更具生态性；对于校外，则通过与古塔等周边环境的协调规划，使其与校园空间相互融合，提升了校园的文化底蕴。

（3）建筑的组团独立性和整体联系性较好。规划中各个建筑组团相对独立设置，如教学区、生活区等建筑组团之间通过绿化、景观设施等连接，形成了一个有机的整体。这种布局方式既保证了各个功能区域的相对独立性，又使整个校园空间形成了紧密的联系，提高了校园空间的流动性。

（4）景观设计生动有趣。本项目的景观设计充分考虑了校园的文化内涵、功能需求和审美特点，创造了一个生动有趣的校园环境。例如，位于校园主入口的景观大道、沿湖景观设施与绿化带等，这些景观设计既美化了校园环境，又提供了师生休闲、交流的场所，使校园空间更具活力，提高了师生的生活质量。

（5）规划空间轴线明确（图 5-20）。本规划中设置了明确的规划空间轴线，贯穿整个校园。规划空间轴线的设置使校园空间更具序列感，从而明确了空间导向，提高了校园空间的利用率。

（6）道路规划主次分明，满足消防和建筑的使用功能需求。本项目在道路规划上设置了主路和支路，保证了校园的交通畅通和消防需求。道路连接便捷，方便师生出行。

（7）不足之处。本项目的规划设计也存在一些不足之处，如图书馆、生活服务建筑的形态欠活泼，这类型的文化建筑可以考虑将景观与建筑功能相结合，设计更为活泼的建筑形态。此外，部分宿舍建筑的室外空间布局可以进一步优化，以提高空间使用效率。

2．总平面图手绘表现点评

（1）建筑与道路及绿化景观的图底关系明确（图 5-18）。手绘总平面图的建筑与道路、绿化景观的图底关系明确，清晰的图底关系使建筑、道路和绿化景观在视觉上形成了有机的整体，有利于表达出校园的空间结构和功能分区。此外，建筑轮廓和道路布局清晰可辨，并且与绿化景观的融合恰到好处，使图面的空间效果更具层次感和立体感。

（2）针管笔线条流畅、准确。针管笔线条是手绘图的基础，流畅、准确的线条能够表现出建筑的轮廓和空间关系。在本项目的手绘总平面图中，针管笔线条流畅，无明显抖动和断点，准确地表达了建筑的形状、大小和相对位置。这不仅体现了设计师对校园空间的认识和理解，也展示了设计师的手绘功底。

（3）色彩冷暖搭配和谐，色调清新雅致。手绘总平面图的色彩冷暖搭配和谐，既有鲜明的个性，又保持了整体的统一。整个总平面图的色调清新雅致，给人以舒适、宁静的感觉。

（4）图面的留白关系较好。留白是手绘图的重要技巧，合理的留白关系能够使画面更具层次感和立体感。在本项目的手绘总平面图中，道路、建筑的留白关系较好，既突出了建筑和道路的主体地位，又避免了画面过于拥挤。此外，湖面的部分留白关系也较好，使湖面与周边环境形成对比，增强了湖面的立体感。

（5）不足之处。铺装的色彩可以更加明确，基地范围以内的环境可以适当增加一些色彩表达。

（6）总平面图手绘表现建议。

①在画铺装时，可以采用不同的色彩和图案来表现不同的材质和功能区域，使铺装更具特色和辨识度。

②在绘制基地范围以外的环境时，可以适当增加一些色彩，以增强画面的整体感和生动性。

③在手绘总平面图的过程中，要注意线条的粗细、虚实变化以及色彩的明暗、纯度变化，以增强画面的层次感和立体感。

④总平面图的硬质铺装可以结合校园的特色和风格，选择适当的色彩搭配和表现手法，使手绘图更具个性化和特色。

3．鸟瞰图手绘表现点评

（1）视点选择与透视准确。视点选择是鸟瞰图绘制的基础，在这幅鸟瞰图中，视点的角度和高度选择得当，既能够清晰地展现校园的整体布局，又能够突出重点建筑和景观，使画面具有很强的空间感和层次感。此外，该鸟瞰图中建筑和景观的透视符合透视规律，画面具有较强的立体感。

（2）空间的远近、虚实关系得当。该鸟瞰图的空间远近、虚实关系处理恰当，近处的建筑和景观细节丰富，清晰可见；而远处的建筑和景观逐渐模糊，形成了一种渐变的效果，使画面具有很好的空间层次感。

（3）鸟瞰图的色调与马克笔运用。鸟瞰图的色调对于表现画面氛围和主题具有重要作用。该鸟瞰图的手绘马克笔运用轻松自如，线条流畅，色彩搭配协调，使画面具有很好的视觉效果（图 5-19）。

（4）不足之处。建筑光源选择与投影方向不佳。建筑光源的选择对手绘鸟瞰图的图面效果呈现非常重要，但在这幅鸟瞰图中光源的选择存在一定问题。一是光源的方向考虑欠佳，使建筑的受光部和背光部没有明显区别开来，画面显得较为单一。二是光源方向存在的问题减弱建筑投影与画面的立体感，影响了整体效果。

（5）鸟瞰图手绘表现建议。

①调整建筑光源，使光源分布更加合理，突出建筑的受光部和背光部，增加画面的立体感和丰富度。

②统一建筑的投影方向，使其与光源方向保持一致，从而使画面具有更好的统一性和规律性。

③在保持色调搭配的基础上，适当增加色彩的明暗对比，使画面更具活力。

④增强建筑和景观的细节处理，丰富画面内容，提高画面的真实感。

第三节　公园景观的快题设计案例评析

一、案例题目：南方某森林公园主入口区的景观规划设计

1．项目概况

南方某森林公园结合当地旅游节进行公园主入口区的景观优化设计，拟将公园道路旁的东侧用地改造为对市民开放的公共休闲活动场地，并作为该森林公园景区的主入口。地块西望湖景，西临公园道路，东面是山麓。设计用地面积约为 13500 m^2（山体部分建议保留现状）。湖面常年水位标高为 124.0 m，丰水期最高水位为 126.0 m；山脚平整场地标高为 130.5 m，山脚护坡顶部标高为 132.0 ～ 133.0 m，等高线的等高距为 1 m。公园入口区的道路红线宽度是 15 m，其中车行道宽 7 m，两侧人行道各为 4 m，车行道完成面标高是 130.0 m，人行道路牙高为 0.15 m；东南边山麓有成片的成年荔枝林，景观良好。（基地地形如图 5-21 所示，图示放样格为 30 m × 30 m。）

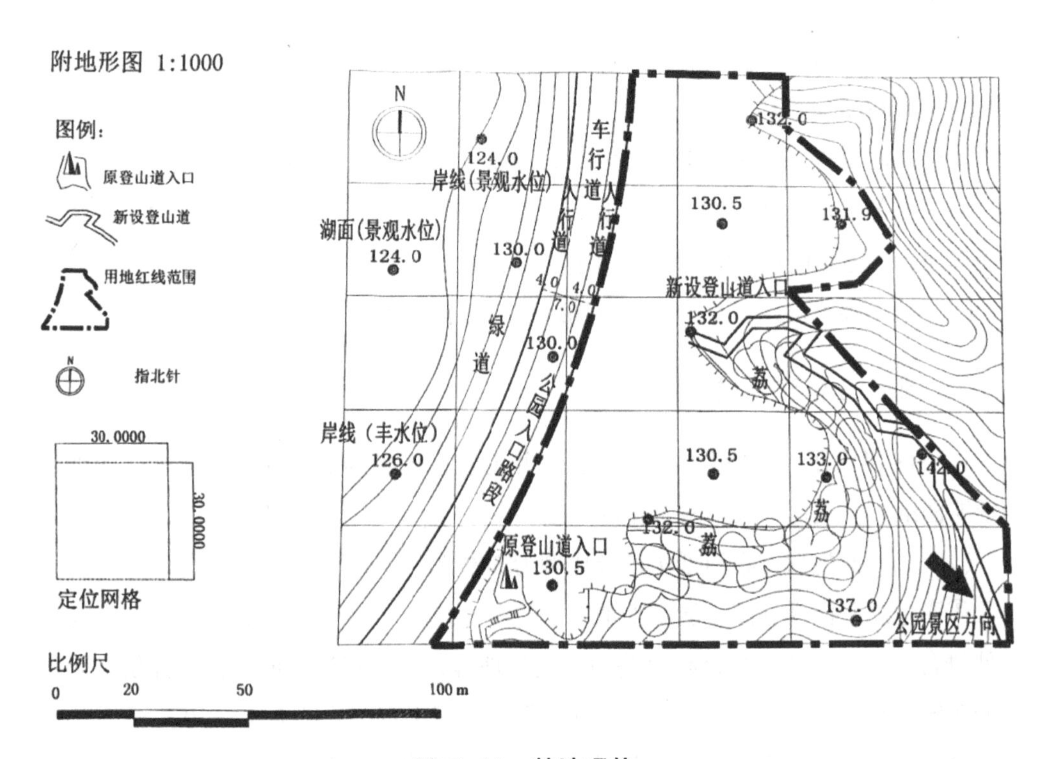

图 5-21　基地现状

2. 规划设计要求

在该用地范围内进行景观设计，要求结合该森林公园主入口区的休闲活动需求设置相关活动场地，设计应体现场地景观特点与岭南地域特色，同时将山门、广场附属建筑等相关建筑物、构筑物结合总平面规划进行设计。主要设计内容如下。

（1）总平面规划设计。将该森林公园主入口的休闲活动场地进行铺装和绿化布置；不考虑人工水景，可适当调整用地山脚护坡。结合旅游节开幕式活动，需设置约 1000 m^2 的集会广场（含室外舞台区约 150 m^2）。广场区需考虑与原有登山步道入口及新设登山步道衔接，在两个登山口处需设置售票亭（每处售票亭面积约 10 m^2）。铺装面积需控制在总用地面积的 40% 以下。场地主入口区需配有可停放不少于 30 辆小汽车的停车场地，另外设置大巴停车位 2 个。主入口区广场与停车场地均需考虑与西侧公园道路的合理衔接。

（2）山门、广场附属建筑设计。结合该森林公园主入口区设计山门一座，山门的位置、体量、造型结合设计自定。广场附属建筑的总建筑面积约为 200 m^2，需与环境相协调并承载相关基本功能，层数为 1 层。总建筑面积可上下浮动 15%。广场附属建筑的功能要求如下：

①小卖部 50 m^2。

②值班室 1 间、办公室 2 间、控制室 1 间，各 15 m^2。

③厕所 60 m^2。

④交通面积自定，园林中景观休憩类廊榭设施可不计入建筑面积。

（3）外部场地设计。结合该森林公园主入口区的休闲活动设置必要的室外活动、休憩场地，场地竖向设计需考虑与周边地形、地貌的衔接与呼应。

（4）植物种植设计。总平面要将场地进行绿化种植设计。

3. 图纸内容和要求

以下内容均在 A2 图纸上以墨线表达并上色，图纸为 2 ～ 3 张（注意：图纸不得为透明图纸）。表达方式不限；排版自定。

（1）总平面规划方案图纸（评分比例为 50%）。

①彩色总平面规划图。能反映铺地、竖向、绿化、山门、广场附属建筑、售票亭、室外舞台、小品、场地与公园道路的衔接处理等，要求标注竖向标高、建筑及场地设计的关键控制尺寸。需有经济技术指标及简要说明文字，比例为 1∶500。

②场地设计分析图。能反映设计理念和构思的各类分析图，如概念分析、规划分

析、高程分析、功能与分区、交通流线控制、视线控制等；具体内容和表现形式，考生根据方案自定。

③场地剖面图。至少表达一个场地设计剖面图，比例为 1∶300。

（2）门、广场附属建筑平立剖面图（评分比例为 30%）。

①山门：正立面 1 个，比例为 1∶100 ～ 1∶200。要求标注水平、竖向的基本尺寸。

②广场附属建筑：首层平面，立面 2 个，剖面 1 个。比例为 1∶100 ～ 1∶200。平面要求标注基本尺寸、标高设计和房间名称，其中立面、剖面要求标高标注。建筑要进行内部庭院环境及室外景观设计，周边绿化及竖向要标识。

（3）景点效果图（评分比例为 20%）。

视点不限，效果图数量不限，但主透视图要求将山门、广场附属建筑主体结合绿化环境整体表达，其中主透视图需大于 A2 图纸的一半。

景点效果图如图 5-22 至图 5-24 所示。

图 5-22 手绘总平面图设计表现

图 5-23　手绘鸟瞰图设计表现

二、设计与手绘效果评析

1．规划设计点评（图 5-24）

（1）景观功能分区合理。入口广场作为游客进入森林公园的第一道景观，应具有开阔的空间和明显的标识，以便游客迅速识别和进入。根据设计任务书的要求，入口广场、舞台、停车场是森林公园主入口区的重要组成部分，规划设计需要兼顾基地地形与外围道路交通的要求。就舞台与停车场而言，舞台应考虑森林公园的文化活动需求，其位置选择应有利于游客观看演出的需要，停车场的位置也应满足游客停放车辆的便捷性和安全性。

（2）场地设计因地制宜。本项目的场地设计充分考虑了基地地形和地势的现状，最大限度地尊重、保护与利用了场地现有条件。在地形处理上，设计的草坡、树林等自然空间，既美观又具有实用性；现有空地也被打造成具有特色的景观节点，景观空间与自然环境的结合较好。

（3）场所交通联系较好。场所的交通联系主要包括基地内的各功能分区和上山的各旅游道路入口。该设计各功能分区之间的交通联系便捷，便于游客流动和物资运输，对上山的各旅游道路入口选择合理，既保证了游客上山的安全性，又兼顾了森林公园的整体景观效果。

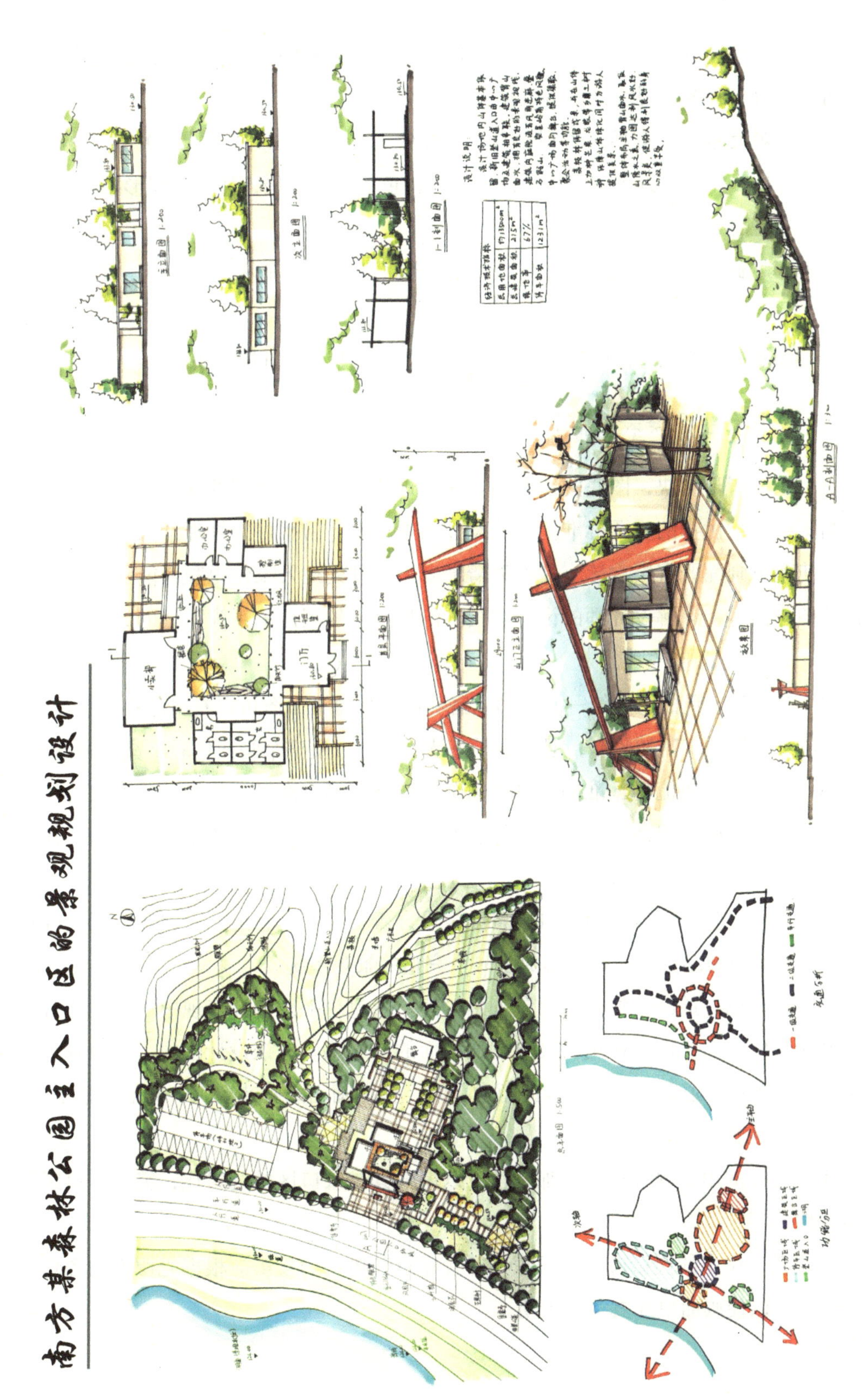

图5-24 快速手绘设计成果展示

（4）规划空间轴线明确。基地内各功能分区具有较好的空间轴线。该设计充分利用空间轴线引导游客的视线，打造成富有变化的景观空间。

（5）景观元素生动有趣。景观元素是森林公园主入口区景观设计的关键，该设计对草坡、树林、广场等景观空间元素进行了有特色的规划布局，使其景观形象生动。

（6）不足之处。

①停车场缺少一个辅助出入口，这在高峰期可能导致车辆进出拥堵，影响游客体验。

②广场的绿化要注意冷暖色调和季节搭配，以便丰富入口景观效果。

2. 总平面图手绘表现点评（图 5-22）

（1）图面清晰明快，图底关系明确。这是景观设计总平面图的基本要求，也是评价一幅图纸质量优劣的重要标准。在该设计图中，设计者很好地处理了图面与底图的关系，使整个画面既有层次感，又不失清晰度。这种处理效果使得观者能够迅速把握设计的核心内容，理解设计师的设计意图。清晰明了的图面关系为后续的景观设计提供了良好的视觉基础。

（2）马克笔上色的色调统一，色彩丰富和谐。从总平面图可以看出色彩关系较好，设计者虽然运用了丰富的色彩，但保证了色调的统一，使整个画面色彩丰富且和谐。

（3）针管笔线条流畅、准确。总平面图的线条流畅、准确，使设计元素之间的关系更加清晰，准确的线条保证了设计信息的准确性。该设计图既体现了设计师的扎实基本功，又展现了画面的动感。

（4）图面完整。从该设计图可以看出，设计者将停车场、道路、建筑、绿化等景观空间元素有机地结合在一起，形成了一个完整的景观系统。

（5）停车场、道路、建筑的留白关系较好。景观总平面设计表现中的留白非常重要，既能起到突出主体的作用，又能增加画面的层次感。在该设计图中，设计者巧妙地平衡了停车场、道路、建筑之间的留白关系，使得画面既有节奏感，又不失紧凑。

（6）不足之处。

①基地外的山坡绿地可以增加绿色，以增强其与入口区域的对比，突出入口区域的重要性。

②建筑和树木的投影应区别长短，并且建筑和树木的投影应根据光源方向和角度进行调整，以使画面更加真实、生动。

3．人视效果图手绘表现点评（图 5-23）

（1）从透视准确性来看，该效果图选择森林公园主入口广场作为表现对象，空间透视处理得较为准确。画面中通过建筑、绿化、广场等元素的有序排列，呈现出较好的立体空间效果。

（2）空间远近虚实的处理较好。该效果图将远近景物进行了很好的区分，使画面具有清晰的层次感。远景的山脉和天空、中景的入口广场建筑以及近景的地面铺装和植被都得到了很好的表现。这种空间远近虚实的处理，使画面更加丰富多元，增强了画面的立体感和动态感。

（3）色调与色彩的运用与把握较好。效果图色调的处理既大胆前卫又新颖靓丽，通过大红色彩的运用使画面更加有层次感和视觉冲击力。这种色调与色彩的运用，既符合现代森林公园的主题，又给人以强烈的视觉冲击。

（4）不足之处。

①透视图场景中可以适当搭配活动人物，以衬托空间尺度，增强画面场景的生活氛围。

②近景可以增加一些陪衬灌木或者花草，以丰富画面的视觉效果，增强画面的立体感和尺度对比。

参 考 文 献

[1] 彭一刚. 中国古典园林分析[M]. 北京：中国建筑工业出版社，1986.

[2] 徐振，韩凌云. 风景园林快题设计与表现[M]. 沈阳：辽宁科学技术出版社，2009.

[3] 周维权. 中国古典园林史[M]. 北京：清华大学出版社，1999.

[4] 黎志涛. 快速建筑设计方法入门[M]. 北京：中国建筑工业出版社，1999.

[5] 黎志涛. 快速建筑设计100例[M]. 南京：江苏科学技术出版社，2005.

[6] 刘志成. 风景园林快速设计与表现[M]. 北京：中国林业出版社，2012.

[7] 李文. 风景园林绘图表现[M]. 北京：化学工业出版社，2008.

[8] 王晓俊. 风景园林设计[M]. 南京：江苏科学技术出版社，2000.

[9] 中国城市规划学会. 城市环境绿化与广场规划[M]. 北京：中国建筑工业出版社，2003.

[10] 樊思亮. 景观细部设计集成Ⅰ/Ⅱ/Ⅲ[M]. 北京：中国林业出版社，2012.

[11] 刘滨谊. 现代景观规划设计[M]. 南京：东南大学出版社，2005.

[12] 夏南凯，周俭. 新理想空间Ⅰ[M]. 上海：同济大学出版社，2006.

[13] 《建筑设计资料集》编委会. 建筑设计资料集[M]. 2版. 北京：中国建筑工业出版社，1994.

[14] 威廉·科拜·劳卡德. 设计手绘体验与实践[M]. 侯兆铭，李丽泽，译. 大连：大连理工大学出版社，2009.

[15] 蔡鸿. 名校考研快题设计高分攻略：景观快题设计[M]. 南京：江苏科学技术出版社，2014.

[16] 海上艺号设计手绘与考研快题培训中心. 景观快题手绘步骤详解[M]. 武汉：华中科技大学出版社，2017.

后　记

编写本书的过程犹如一次充满挑战与收获的旅程，这些文字和手绘图是编者多年在设计实践与教学过程中的心得体会与经验总结。在内容编排上，本书涉及了从基础知识的讲解到实际案例的分析，再到设计技巧的分享，力求为读者呈现更直观、简明的手绘设计方法。希望本书的出版能为广大景观与规划设计师、相关专业学生以及设计爱好者提供一本实用的参考书籍。

本书从手绘表现的基础知识讲起，详细解析了总平面图的设计手绘表达、效果图的透视解析、景观与规划设计效果图的表达等核心内容，并通过设计案例分析与点评，让读者能够更好地理解和掌握景观与规划手绘设计的要点和技巧。编者期待这本书能成为读者在景观与规划手绘设计道路上的良师益友。

在编写本书的过程中，编者充分考虑了读者的需求，力求将理论与实践相结合，让读者在掌握专业知识的同时，能够提升自己的实际操作能力。相信广大读者通过阅读本书，能够在景观与规划设计手绘表现方面有更大的突破。

本书的成稿，离不开众多人的支持与帮助，在此要感谢徐依曼、林梅等人的供稿支持，感谢中山大学出版社陈文杰编辑的大力支持，更要感谢所有支持本书出版的领导、同事、朋友和家人的鼓励与帮助！是他们的付出与努力让本书更有深度和广度，是他们的关心与建议让本书有了更精彩的呈现。

最后，衷心希望这本书能够为我国的环境设计、景观与规划设计教育事业贡献一份力量，也希望读者能够从中获益。

蔡泉源

2024 年 5 月